工业和信息化人才培养规划教材

Industry And Information Technology Training Planning Materials

Technical **A**nd **V**ocational **E**ducation

高职高专计算机系列

3ds Max 效果图制作基础教程

3ds Max 2012 Essentials

张莉莉 梁国浚 ◎ 主编

耿晓武 朱戎墨 ◎ 副主编

人民邮电出版社

北京

图书在版编目（CIP）数据

　3ds Max效果图制作基础教程 / 张莉莉，梁国浚主编
. -- 北京：人民邮电出版社，2013.1
　工业和信息化人才培养规划教材. 高职高专计算机系
列
　ISBN 978-7-115-28948-3

　Ⅰ. ①3… Ⅱ. ①张… ②梁… Ⅲ. ①建筑设计－三维
动画软件－高等职业教育－教材 Ⅳ. ①TU201.4

　中国版本图书馆CIP数据核字(2012)第239444号

内 容 提 要

　　本书系统地讲解了中文版 3ds Max 2012 的基础操作和相关知识。全书共分 10 章，内容包括认识 3ds Max 2012、基本操作、三维编辑命令、二维编辑命令、复合对象、高级建模、材质、灯光、摄影机、室内效果图制作等。本书汇集了作者多年的设计和教学经验，讲解简练、直观，每个理论知识均配合相应的实例进行讲解。此外，配合实例安排了练习，使读者能够举一反三，深入理解并灵活运用。零基础的读者可以根据本书内容逐步掌握制作精美效果图的步骤和方法，有一定基础的读者可以从中学到新颖的设计和制作思路。

　　本书既可以作为艺术设计、装潢设计、室内设计、园林规划等专业"效果图"制作课程的教材，也适合业余自学或作为培训教材使用。

工业和信息化人才培养规划教材——高职高专计算机系列
3ds Max 效果图制作基础教程

◆ 主　　编　张莉莉　梁国浚

　副 主 编　耿晓武　朱戎墨

　责任编辑　桑　册

◆ 人民邮电出版社出版发行　　北京市崇文区夕照寺街 14 号
　邮编　100061　电子邮件　315@ptpress.com.cn
　网址　http://www.ptpress.com.cn
　北京铭成印刷有限公司印刷

◆ 开本：787×1092　1/16
　印张：15.25　　　　　　　2013 年 1 月第 1 版
　字数：388 千字　　　　　　2013 年 1 月北京第 1 次印刷

ISBN 978-7-115-28948-3
定价：39.80 元（附光盘）

读者服务热线：(010)67170985　印装质量热线：(010)67129223
反盗版热线：(010)67171154

前　言

　　3ds Max 作为全球知名的二维和三维图形图像设计软件公司——Autodesk 旗下的三维物体建模和动画制作软件，以其强大、完美的三维建模功能，深受 CG 界艺术家的喜爱和关注，成为当今世界上流行的三维建模、动画制作及渲染软件之一，被广泛用于室内设计、建筑表现、影视与游戏制作等领域。

　　本书内容以 3ds Max 2012 中文版本为操作主体，围绕效果图制作应用展开。全书共分为 10 章，第 1 章、第 2 章讲解 3ds Max 的基础知识，第 3 章~第 5 章讲解常见的三维、二维和复合对象建模，第 6 章为高级建模部分，第 7 章、第 8 章为材质和灯光部分，第 9 章为摄影机部分，第 10 章为综合室内建模实例。

　　笔者结合多年积累的专业知识、设计经验和教学经验，认识到广大初学者在学习该软件过程中所遇到的最大问题，并非是软件的基本操作，而是如何将所学操作灵活应用于实际的设计工作中。因此，在本书的内容设计方面，不以介绍 3ds Max 软件的具体操作方法为终极目的，而是围绕实际运用，在讲解软件的同时向读者传达更多深层次的信息——"为什么这样做"，提高读者举一反三的能力，让读者更多地思考所学软件如何服务于实际的设计工作。

　　随书附送的光盘包含了大量的讲解视频，将书中实例的操作步骤和详细制作过程录制下来，有助于读者快速达到融会贯通及熟知商业输出各项要求的学习效果。

　　读者在学习的过程中难免会碰到一些难解的问题，我们真诚地希望能够为读者提供力所能及的后续服务，尽可能地帮助大家解决一些学习与实践中遇到的问题。如果读者在学习过程中需要我们的帮助，请通过微博（http://weibo.com/wumoart）或 QQ（13959260）与我们联系，我们将尽可能给予及时、准确的解答。

　　由于编者水平有限，书中难免有欠妥之处，恳请读者批评指正。

编　者

2012 年 6 月

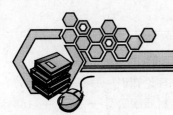

目 录

第1章

认识 3ds Max 2012

3ds Max 2012 是由 Autodesk 公司推出的三维设计软件。该软件功能强大、易学易用，深受国内外建筑工程设计和动画设计人员的喜爱，已经成为这些常见领域最流行的软件之一。

本章节我们将初步认识 3ds Max 2012。

本章要点

➤ 3ds Max 2012 概述

➤ 软件界面认识

➤ 基本操作

➤ 效果图制作流程

1.1 3ds Max 2012 概述

1.1.1 简介

3ds Max 是由美国 Autodesk 公司开发，面向 PC 机用户的三维效果图设计和三维动画制作软件。运用 3ds Max 能够轻松制作出逼真的效果图、高品质的动画、电影特效和电脑游戏，该软件被广泛应用于建筑设计、工业设计、装饰设计、广告设计和影视动画等领域。

3ds Max 是一款面向对象的智能化应用软件，具有集成化的操作环境和图形化的界面窗口。3D 就是三维空间的意思，Max 本意为最大，在此引申为最佳最优秀。其前身是基于 DOS 操作系统下的 3D Studio 系列版本的软件，最初的 3D Studio 依靠较低的硬件配置要求和强大的功能优势，逐渐被广泛接受，并风靡全球。3D Studio 采用内部模块化设计，可存储 24 位真彩图像，命令简单，便于学习掌握。

此外，3ds Max 还具有良好的开放性，世界上很多专业的技术公司为 3ds Max 软件设计各种插件，如 VRay、FinalRender、Brazil 等。有了这些专业插件，3ds Max 就插上了羽翼，以便用户能够更加方便、快捷地制作各种逼真的三维效果。

3ds Max 软件的版本发展经过了 1.0、1.2、2.0、2.5、3.0、4.0、5.0、6.0、7.0、8.0、9.0 以及后续的以年代记录的版本，如 2008、2009、2010、2011、2012 等。

2008 年 2 月 12 日，Autodesk 公司宣布其以后新出的软件版本分两个类型，即面向娱乐领域人士的 Autodesk 3ds Max 软件和首次推出的 3ds Max Design 软件，这是一款专门为建筑师、设计师以及可视化专业人士量身定制的 3D 应用软件。

1.1.2　应用领域

1．游戏开发

据不完全统计，全球有超 80%的电脑游戏是使用 3ds Max 软件进行开发的。通过 3ds Max 设计的人物场景或游戏动画场景更加逼真，更具有视觉冲击力，如图 1-1 所示。

图 1-1　游戏场景

2．建筑装潢

建筑装潢设计，主要分为室内装潢设计和室外效果展示两个部分。建筑装潢设计在进行建筑施工和装饰之前，要求首先出效果图，通过不同角度进行真实的渲染，逼真地模拟施工方案的最终效果。如果效果不理想，可以在正式施工之前进行方案更改，从而节约时间和资金，如图 1-2 所示。本书主要介绍 3ds Max 在建筑装潢领域的应用。

图 1-2　室外效果图

3．产品设计

产品的研发人员通过 3ds Max 软件，可以对产品进行造型设计，直观地模拟产品的材质、造型、外观等，提高了研发速度，使产品的研发成本大大降低，如图 1-3 所示。

4．影视制作

在很多影视作品中，一些场景、人物、特效等在现实中无法实现，使用 3ds Max 软件，可以惟妙惟肖地创作这些模型，令我们在影视作品或游戏中见到精彩绝伦的效果，如图 1-4 所示。

图 1-3　产品设计

图 1-4　影视制作

1.1.3　软件安装

3ds Max 2012 的软件版本有两个，本书介绍的版本以"Design 版"为基准。

1．3ds Max 2012 的系统配置要求

名　称	基 本 配 置	推 荐 配 置
CPU	Intel 或 AMD	双核 E6600 以上
内存	1GB 物理内存	4GB 内存以上
显卡	1GB OpenGL 显卡	支持 GPU 的专业显卡
硬盘空间	700 MB 以上的自由空间	2GB 以上的自由空间
操作系统	Windows XP SP3	Windows 7 旗舰版

就目前家庭及办公计算机的配置来讲，一般都能达到安装 3ds Max 2012 的基本要求。物体建模和赋材质时，由硬件配置带来的操作速度等方面的差别非常小。只是在渲染时，由于受内存和显卡配置高低的影响，会使渲染时间和渲染品质有很大差别。

温馨提示

2．安装方法

双击安装目录中的"Setup.exe"文件，弹出如图 1-5 所示的界面。

图 1-5　初始化安装界面

单击"安装产品"按钮，软件进行安装，安装软件的等待时间与计算机设备的硬件配置有关，如图 1-6 所示。

图 1-6　安装进行中

软件安装完成后，根据需要进行注册激活就可以正常使用了。

1.1.4　软件启动

双击桌面快捷方式或单击"开始"菜单，选择"Autodesk"/"Autodesk 3ds Max 2012"/"Autodesk 3ds Max 2012"即可启动。

1.2　软件界面认识

工欲善其事，必先利其器。学习一个软件首先要从它的界面入手。3ds Max 2012 的界面结构相对于其他三维设计软件来讲，比较容易学习和掌握。

3ds Max 2012 界面默认由菜单浏览器、标题栏、快速访问工具栏、菜单栏、主工具栏、视图区、命令面板、状态栏、动画控制区、对象坐标和视图控制区等构成，如图 1-7 所示。

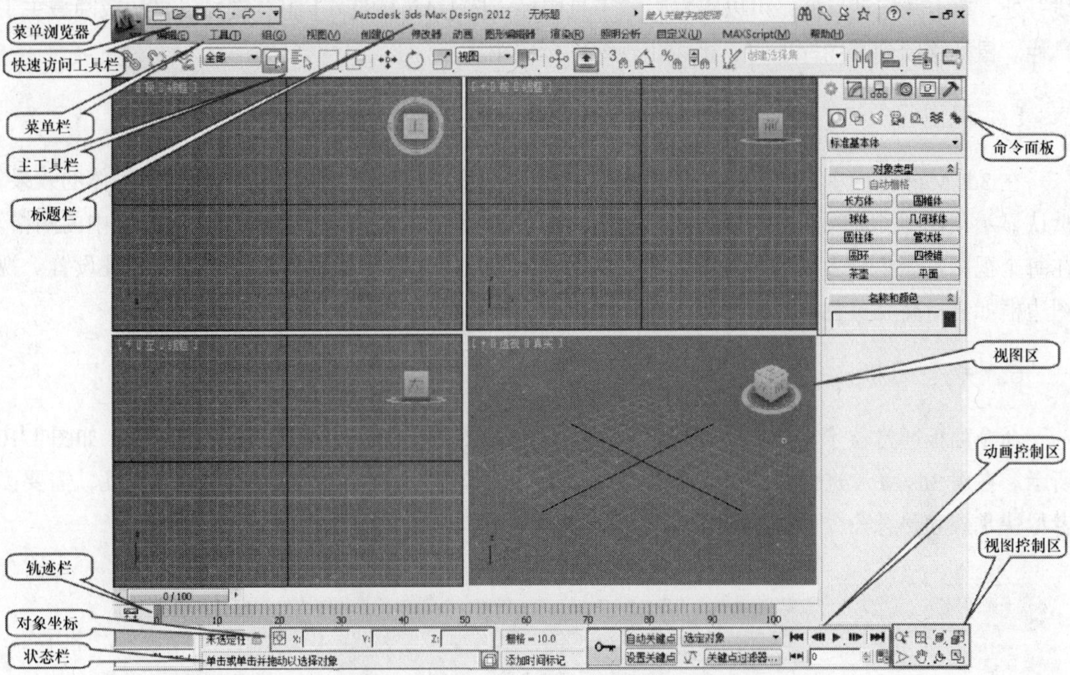

图 1-7　软件界面

1. 菜单浏览器

菜单浏览器位于整个界面左上角，集合成一个图标的样式。该功能与 AutoCAD 2009 软件界面类似，将文件菜单中常用的内容汇总，单击该按钮可以弹出相关的下拉列表，从中选择需要的命令即可。

2. 快速访问工具栏

快速访问工具栏 位于界面左上角"菜单浏览器"的右侧，包括新建、打开、保存和常用文件夹等命令。根据实际需要，可以添加常用的工具按钮。单击右侧的 按钮，可以设置显示或隐藏菜单栏，如图 1-8 所示。

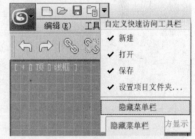

图 1-8　显示隐藏菜单栏

3. 菜单栏

菜单栏位于整个界面的上方，包括编辑、工具、组、视图、创建、修改器、动画、图形编辑器、渲染、照明分析、自定义、MAX Script 和帮助等命令。

菜单名称后面带有的字母表示该菜单的快捷键，如工具（T），在按【Alt】键激活菜单栏后，再按【T】键，可以打开"工具"下拉菜单。

4. 主工具栏

主工具栏包括了常用操作工具的图标，位于界面上方。

当屏幕显示宽度超过 1280 像素时，可以完全显示。若小于 1280 像素时，鼠标置于中间"灰线"处，单击并拖动鼠标，可以查看隐藏工具图标。按【Alt】+【6】组合键可以显示或隐藏主工具栏。鼠标移动到某图标上时，可以出现该图标的中文名称。

5. 视图区

在 3ds Max 界面中，视图区占据了很大区域。不同的视图用于显示不同方向观看物体的效果。默认显示顶视图、前视图、左视图和透视图。按【G】键，可以显示或隐藏每个视图区中的网格。在每个视图左上角分表列出了视图名称、显示方式等信息，单击鼠标将显示不同的属性设置。视图边框如显示高亮黄色，表示为当前视图，如图 1-9 所示。

6. 命令面板

命令面板通常位于界面右侧，包括创建、修改、层次、显示、运动、工具等选项，如图 1-10 所示。在对 3ds Max 进行操作时，将有 90% 以上的工作都是通过命令面板进行的，因此，需要读者尽快掌握和熟悉命令面板的界面。

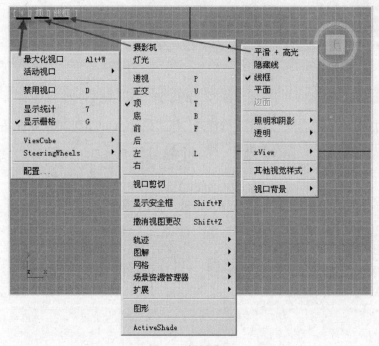

图 1-9　视图设置

图 1-10　命令面板

对象创建完成后，在命令面板中切换到"修改"选项，可以在"参数"选项中，更改物体的基本参数，也可以单击 修改器列表 给当前对象添加编辑命令。

7. 动画控制区

动画控制区位于界面下方，包括时间帧和动画控制按钮，如图 1-11 所示。

图 1-11　动画控制区

8. 对象坐标

对象坐标位于动画控制关键帧下面，用于显示选定对象的轴心坐标位置，如图 1-12 所示。单击 按钮，可以将坐标在"绝对坐标"和"相对坐标"之间进行切换。该工具的作用与快捷键【F12】功能类似，如图 1-13 所示。

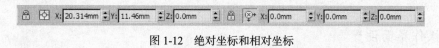

图 1-12　绝对坐标和相对坐标

9. 视图控制区

视图控制区位于界面右下角，如图 1-14 所示，主要用于对视图进行缩放、移动、旋转等控制操作。每一个控制图标都有相关的快捷操作。

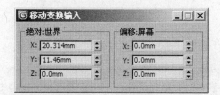

图 1-13　快捷键【F12】显示选中物体坐标　　　　　　　图 1-14　视图控制区

当前视图缩放操作。单击该工具后，在视图中单击并拖动鼠标，实现当前视图的缩放操作。也可以通过鼠标滚轮转动，实现鼠标所在的位置的中心缩放。

所有视图缩放操作。单击该工具后，在视图中单击并拖动鼠标，用于对除摄像机视图以外的所有视图进行缩放。

当前视图最大化显示。单击该工具后，当前视图的所有物体进行最佳显示。组合键为【Ctrl】+【Alt】+【Z】。可以从后面的下拉三角按钮中，设置选择的物体最大化还是整个当前视图最大化。

所有视图最大化显示。单击该工具后，所有的视图进行最佳显示。快捷键为【Z】。若选择了其中某个物体，按【Z】键，则最大化显示选中的对象。

缩放区域。用于对物体进行局部缩放。单击该工具后，在视图中单击并拖动鼠标，框选后的区域充满当前视图。

平移操作。单击该工具后，在视图中单击并拖动鼠标，可以移动视图。

旋转观察。用于对透视图进行三维的旋转观察。快捷组合键【Alt】+"平移"。可以从后面的下拉按钮中，设置旋转观察是以视图为中心进行旋转，或是以选中对象为中心进行旋转，还是以选中对象的子编辑对象为中心进行旋转。三维弧形旋转操作后不能通过【Ctrl】+【Z】组合键进行撤销，可以通过【Shift】+【Z】组合键进行还原操作。

最大化视口切换。用于对当前视图进行最大化或还原切换操作。组合键为【Alt】+【W】。将当前视图最大化显示，方便观察物体的局部细节。

> 对于软件操作的快捷键，随着版本的变化，快捷键会有所不同。对于很多老版本用户来讲，可以在新的软件版本中，将快捷键更改为原来的组合键。

技巧说明

1.3 基本操作

1.3.1 基本设置

1. 操作界面设置

在 3ds Max 2012 版本的界面中，默认颜色相对较深。对于习惯以前版本界面的用户来讲，可能会有些不适应。其实没有关系，可以通过自定义 UI 的方式，将界面切换到以前的状态。

执行"自定义"菜单，选择"加载自定义用户界面方案"，从弹出的界面中，选择"3dsMax2009.UI"，单击 打开(O) 按钮。操作界面将恢复以前版本的灰色界面，如图 1-15 所示。

2. ViewCube 视图立方体

ViewCube 视图立方体也称三维视图导航器，如图 1-16 所示。

图 1-15 加载自定义 UI

图 1-16 ViewCube

当前视图最大化显示后，通过该工具可以快速地切换到不同方向查看效果。该工具默认为启动状态，在不需要其显示时，按组合键【Ctrl】+【Alt】+【V】或执行【视图】/【ViewCube】/【显示 ViewCube】可将其关闭。

设置视图立方体属性的方法如下。

将鼠标置于 ViewCube 区域，右键单击，在弹出的界面中，选择"配置"，如图 1-17 所示，弹出"视口配置"对话框。根据实际需要设置显示属性，如图 1-18 所示。

3. 单位设置

在使用 3ds Max 软件制作效果图时，单位的设置很重要。单位设置会在后期的材质设置、灯光调节中起重要的作用。因此，建议在文件正式创建之前，先设置场景单位。

执行【自定义】/【单位设置】，弹出"单位设置"对话框，如图 1-19 所示。

将显示单位选择为"公制"，从下拉列表中选择"毫米"，单击  系统单位设置 按钮，将 1 个单位对应的关系改为"毫米"，单击 确定 按钮，完成单位设置。

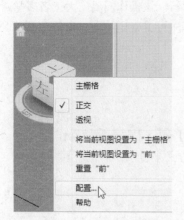

图 1-17　选择"配置"

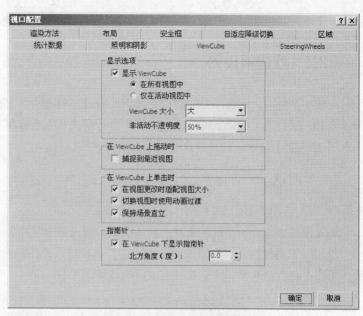

图 1-18　"视口设置"对话框

4. 动画轨迹栏隐藏

在平时制作效果图时，可以将暂时用不到的动画轨迹栏进行隐藏操作，腾出更大的页面空间来制作效果图，以便看到更多的图形细节。

执行【自定义】/【显示 UI】/【显示轨迹栏】，如图 1-20 所示。

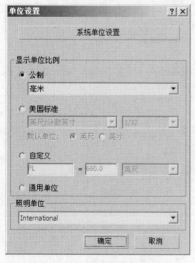

图 1-19　"单位设置"对话框

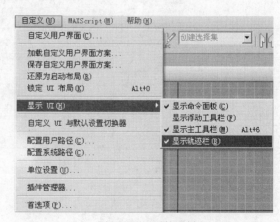

图 1-20　显示轨迹栏

5. 石墨建模工具隐藏

石墨建模工具是 3ds Max 2010 版本中新增的功能，能快速有效地完成一系列 Poly 建模工作。石墨建模工具分为 3 个部分：石墨建模工具、自由形式和选择。鼠标放置在对应的按钮上，就会弹出相应的命令面板。在平时基础建模时，也可以将其关闭，腾出更多的页面空间。

单击主工具栏的 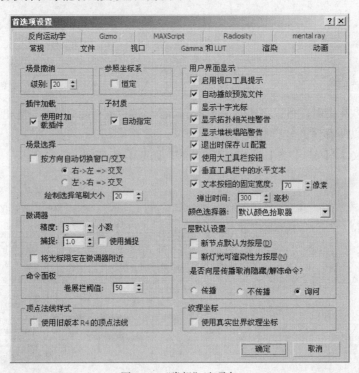 按钮，可以进行石墨建模工具的显示与隐藏操作。

1.3.2 首选项设置

在使用软件时，有很多常用的设置都需要通过"首选项"来执行。该操作需要广大读者多学习和查看，遇到常见错误也可以通过该操作自行解决。在此简单介绍以下常用选项。执行【自定义】/【首选项】命令，打开"首选项设置"对话框。

1. 常规选项

"常规"选项卡如图 1-21 所示。

场景撤销级别：用于设置撤销的默认次数。通过组合键【Ctrl】+【Z】执行撤销操作。

使用大工具栏按钮：去掉该选项后，主工具栏将以小图标的方式来显示。单击 确定 按钮后，需要重新启动软件，才能看到更改后的效果。

图 1-21 "常规"选项卡

2. 文件选项

"文件"选项卡如图 1-22 所示。

自动备份：备份间隔（分钟）选项，用于设置当前文件每隔多长时间进行一次自动保存。首先对当前文件手动保存，设置存储的位置和文件名，自动备份的文件会自动以设置的时间进行覆盖。

归档系统：用于设置当前文件进行归档时，所采用的压缩文件类型。默认的文件类型为"*.zip"。通过归档操作，可以将当前文件以及当前文件所使用的资源，如贴图、光域网等统一存储到压缩文件中，防止只带走 max 文件时，在其他计算机上打开造成贴图丢失。

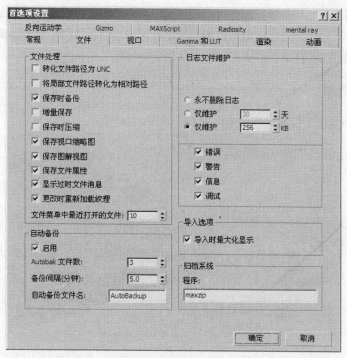

图 1-22　"文件"选项卡

3. 视口选项

"视口"选项卡如图 1-23 所示。

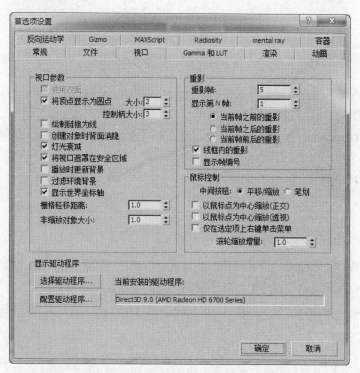

图 1-23　"视口"选项卡

鼠标控制：用于设置当前鼠标操作时所起到的作用，如中间按钮起"平移/缩放"的作用。

显示驱动程序：用于设置当前软件使用的驱动程序与当前计算机中显卡驱动程序之间的匹配问题。正确的匹配可以提高当前显卡的性能，加快软件操作的运行速度。

4. Gizmo 选项

"Gizmo"选项卡用于设置操作的变换轴心，如图 1-24 所示。

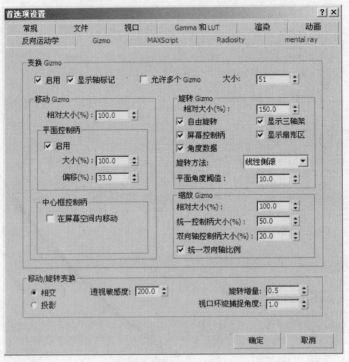

图 1-24 "Gizmo"选项卡

启用：默认该选项为选中状态。选择物体后，使用移动、旋转或缩放时，中间出现变换图标。若不出现，按快捷键【X】键或选中该选项即可。

大小：设置 Gizmo 图标的大小。图标大小可以通过键盘上的"+"或"−"键进行调节。

1.3.3 文件操作

1. 重置

在使用软件时，经常会用到重置操作。通过重置操作，可以将当前视图界面恢复到软件刚刚启动时的界面，可以实现创建物体时，各个视图之间的显示比例保持一致。

单击 ⑤ 按钮，从中选择 ⟳重置 按钮。根据弹出的界面提示，选择是否存储文件。

2. 保存

按组合键【Ctrl】+【S】或单击页面左上角的 🖫 按钮，弹出文件存储界面，如图 1-25 所示。

选择存储位置和文件名。3ds Max 存储文件格式为"*.max"。

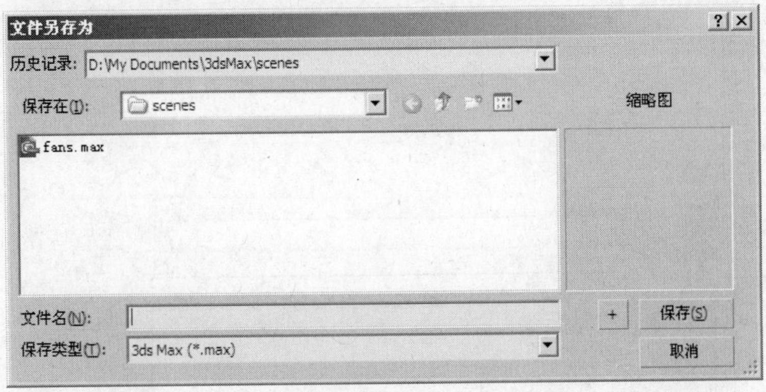

图 1-25　存储界面

3．合并

在进行效果图制作时，通常在制作完成主场景后，需要将该场景中用到的组件或模型从另外的文件中合并到当前文件，以提高效果图制作的效率。

单击 按钮，从中选择 按钮，选择 按钮，在弹出的界面中，选择"*.max"文件，单击 打开(O) 按钮。从中选择要导入的模型，单击 确定 按钮，完成模型合并，如图 1-26 所示。

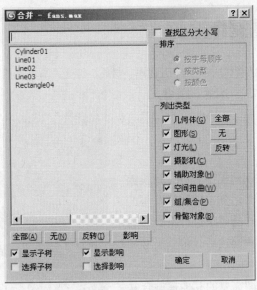

图 1-26　合并模型

4．导出

导出操作可将当前的"*.max"文件格式，导出为其他软件可识别和使用的文件格式，如"*.3ds"格式。

单击 按钮，选择 按钮，选择 按钮，从保存类型下拉列表中，选择需要导出的文件格式，如图 1-27 所示。

图 1-27　导出类型

效果图制作流程

一幅漂亮的效果图，在制作时需要经历建模、材质、灯光、渲染和后期处理等环节，最后设计师将作品呈现在客户面前，交一份满意的答卷。

1.4.1　建模

建模通俗一点讲就是创建模型。设计师根据客户提供的平面图纸或者自己到工地测量获得的数据绘制平面图，根据客户的要求进行空间布局设计。空间布局方案经客户通过后，将其尺寸导入 3ds Max 软件中，生成空间模型。

其后，再将室内效果图需要的其他模型合并到当前场景，进行位置调节和大小缩放，如图 1-28 所示。

图 1-28　建模

1.4.2　材质

场景的模型建立完成后，需要对物体进行材质的编辑，才可以得到更加真实的材质效果。例如，玻璃球、橡胶球、不锈钢球，这 3 个球体在建模时，是完全一样的，需要通过材质将它们真实的效果显示出来。在进行材质编辑时，通常需要将贴图显示出来，方便查看每一个物体的效果，如图 1-29 所示。当然，具体的材质表现也离不开灯光的配合。

图 1-29　材质

1.4.3　灯光

效果图的渲染离不开灯光，因为通过灯光可以照亮场景，并显示出材质的反射和折射等材质特点。添加灯光时，按照主光源、辅助光源和阴影光源的顺序依次添加，以体现场景的层次性和空间立体感，如图 1-30 所示。

图 1-30　灯光

1.4.4　渲染

材质和灯光的最终组合效果，需要通过渲染来查看。3ds Max 软件默认的渲染器存在很多不足。因此，在进行效果图渲染时，需要其他渲染软件或插件来实现。在室内效果图渲染时，常用

VRay 渲染器。加载渲染器并设置相关的参数，渲染完成后，获得效果图，如图 1-31 所示。

图 1-31　渲染

1.4.5　后期处理

整个效果图渲染完成后，为获得更好的表现效果，还需要到后期处理软件中进行部分调整和更改。通常使用 Photoshop 软件进行后期处理。后期处理在整个效果图流程中起着举足轻重的作用，可以实现使效果图锦上添花的效果，如图 1-32 所示。

图 1-32　后期处理

在进行效果图设计时，整个效果图设计的思想和内容需要有客户的意见或思想在里面，因为再好的设计，也需要有人愿意去支付设计费用。

温馨提示

1.5　本章小结

通过本章的学习，读者对软件界面和基本操作有了初步的认识和了解，为今后进一步的学习打下基础。

第2章

基本操作

本章将介绍 3ds Max 的基本操作，这是读者将来制作效果图的基础。基本操作的学习对于掌握高级操作技巧起着至关重要的作用。

本章要点

➢ 主工具栏和基本操作

➢ 捕捉设置

➢ 复制对象

➢ 对齐

➢ 群组

2.1 主工具栏和基本操作

在 3ds Max 界面中，创建物体的操作都是通过命令面板来进行的。在命令面板的"创建"选项中，包含了常用的几何体、图形、灯光、摄影机、辅助对象、空间扭曲和系统等。物体创建完成后，通过主工具栏进行基本操作，包括选择、移动、旋转、缩放、复制等。

2.1.1 创建物体

在命令面板中，选择"创建"选项卡，"几何体"类别，下拉菜单中默认的就是"标准基本体"，从中选择相关的物体名称按钮，如图 2-1 所示。

在视图中单击并拖动鼠标，根据提示完成物体的创建。不同类型的物体创建方式不一样。在创建物体时，选择的视图不同，出现的结果也不同。如图 2-2 所示，是在不同视图中创建圆锥和茶壶的效果。

通常情况下，长方体、圆锥体、圆柱体等具有底截面的物体在创建时，初始视图选择能看到底截面的视图。

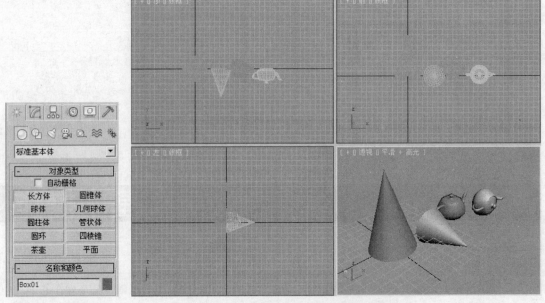

图 2-1　创建物体　　　　　　　　图 2-2　不同视图创建物体

　　所谓初始视图，是指创建物体时，最先选择的视图。透视图主要用于观察创建物体后的整体效果。对于初学者来讲，初始视图应选择除透视图之外的其他 3 个单视图。那这 3 个单视图，到底选择哪一个呢？这个问题就如同平时观察一个人时，如想知道这个人是单眼皮还是双眼皮，在正面（前视图）看得最直接。若在侧面（左视图）则不容易观察。因此，选择视图时应选择物体观察最直观、最全面的视图。例如，绘制地面，选择在顶视图创建，前墙选择前视图创建等。

2.1.2　设置物体参数

　　掌握物体的参数，可以更快、更精确地创建物体。在此介绍常用参数，其他参数读者可以参照本节讲解的方法自行学习。

　　长度：是指初始视图中 Y 轴方向尺寸，即垂直方向尺寸。

　　宽度：是指初始视图中 X 轴方向尺寸，即水平方向尺寸。

　　高度：是指初始视图中 Z 轴方向尺寸，即与当前 XY 平面垂直方向尺寸。

　　在 3ds Max 中，参考坐标系有 9 种，如图 2-3 所示。其中最常用的有视图坐标系和屏幕坐标系。本书提到 X、Y 和 Z 轴的方向时，通常是指视图坐标系，即使用"选择并移动"工具选择物体时，在物体表面显示的坐标关系。

　　分段：也称段数，用于影响三维物体显示的圆滑程度。在进行物体模型编辑时，段数是否合理将影响物体的形状，如图 2-4 所示。

　　半径：用于影响有半径参数的模型物体的大小，如圆柱体、球体和茶壶等。

图 2-3　参考坐标系

图 2-4　不同段数显示效果

2.1.3　撤销和还原操作

"撤销"和"还原"按钮 ↶ ↷ 位于主工具栏的左侧。在进行具体操作时，通常使用组合键【Ctrl】+【Z】进行撤销操作，使用【Ctrl】+【Y】进行还原操作。默认最多可以进行 20 次场景撤销操作。通过执行【自定义】/【首选项】命令，在【常规】选项中，可设置场景撤销级别数。

"暂存"和"取回"操作也可起到撤销和还原的功能，暂存功能与 Photoshop 软件中的快照功能类似，将到目前为止的操作临时存储，方便快速地还原到暂存过的状态。与快照不同的是，在 3ds Max 软件中，该暂存只能存储一次，当再次执行暂存时，上一次存储过的状态将不能还原。可通过执行【编辑】/【暂存】命令使用暂存功能。取回时，直接执行【编辑】/【取回】命令即可，如图 2-5 所示。

图 2-5　暂存和取回

2.1.4　选择对象

图 2-6　选择对象

要再次编辑创建完成的对象时，通常需要先进行选择，再进行操作。在 3ds Max 中，选择对象操作包括单击选择、按名称选择等，这些操作按钮都在主工具栏上，如图 2-6 所示。

1．选择过滤器

选择过滤器可通过过滤设置需要选择对象的类别，包括几何体、图形、灯光、摄影机、辅助对象等。从列表中选择过滤方式即可。在建模时，过滤器使用相对较少。在进行灯光调节时，过滤器使用频率较高。

2．单击选择

单击选择快捷键为【Q】，通过单击物体对象，实现选择操作。在单视图中被选中的对象呈白色线框显示。

3．名称选择

名称选择快捷键为【H】，通过物体的名称来选择物体。在平时练习时，物体可以不用在意名称，在正式制作效果图时，创建的物体需要重新命名，相关的物体模型需要编成组，方便进行选择和编辑操作。

按【H】键会弹出"从场景选择"对话框，如图 2-7 所示。

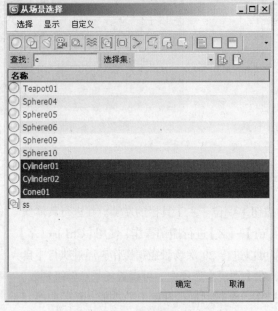

图 2-7　名称选择

将光标定位在"查找"后面的文本框中，输入对象名称的首字或首字母，会选择一系列相关的对象。对象名称前有"[ ]"，表示该对象为组对象。通过界面上方的 ⬭⬭⬭⬭⬭⬭⬭⬭⬭⬭⬭ 按钮，设置显示的类别。

在进行对象选择时，可以使用相关的组合键。

全选：【Ctrl】+【A】。

反选：【Ctrl】+【I】。

取消选择：【Ctrl】+【D】。

加选：按住【Ctrl】的同时，依次单击对象可以实现加选或减选。

技巧说明

4. 框选形状 ▢

框选形状用于设置框选对象时框选线绘制的形状。连续按【Q】键或单击后面的"三角"，可以从下拉列表中选择框选的形状，如图 2-8 所示。从上往下依次是矩形选择区域、圆形选择区域、围栏选择区域、套索选择区域和绘制选择区域。

5. 窗口/交叉 ▢

窗口/交叉用于设置框选线的属性。默认时，框选的线条只要连接对象即被选中。单击该按钮，呈现 ▢ 状态时，框选的线条需要完全包括对象，才能被选中，如图 2-9 所示。

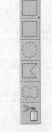

图 2-8　框选设置

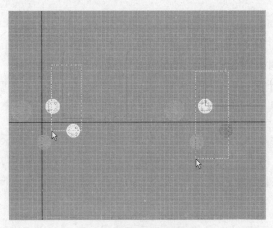

图 2-9　窗口和交叉对比

2.1.5　双重工具

双重工具，顾名思义就是该工具有两个作用，双重工具包括"选择并移动"、"选择并旋转"和"选择并缩放"3 种。

1. 选择并移动

选择并移动的快捷键为【W】，该工具可以实现对象选择和对象移动的操作。在进行移动操作时，初学者最好是在单视图中进行。利用【W】键选择对象后，出现坐标轴图标，鼠标悬停在图标上时，可以通过悬停来锁定要控制的轴向，如图 2-10 所示，通过悬停锁定 X 轴向。

坐标轴图标显示：坐标轴图标显示对于锁定轴向很有帮助，在不显示时，需要按快捷键【X】，若仍不显示，可执行【视图】/【显示变换 Gizmo】命令。

坐标轴图标大小调节：直接按键盘上的"+"键放大，"–"键缩小显示。

精确移动：在效果图建模阶段，将选择的对象按照需要进行精确移动。例如，将选中的球体向右水平移动 50 个单位，可首先利用快捷键【W】选择对象，右击主工具栏中的 ✛ 按钮，或按快捷键【F12】，弹出"移动变换输入"对话框，如图 2-11 所示。

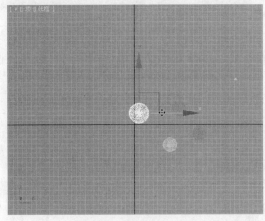

图 2-10　悬停锁定 X 轴

图 2-11　"移动变换输入"对话框

在右侧"屏幕"坐标系中，X 轴后面的文本框中输入"50"并按【Enter】键确认。

世界：表示坐标的计算关系是绝对坐标，在确定向右移动 50 个单位时，需要与现有的数字相加。要使用世界坐标时，则需要输入 59.675。

屏幕：表示坐标的计算关系是相对坐标，在进行位置移动时，不需要考虑物体现在的坐标是在哪个位置，只需要确认从当前点相对移动了多少数值。

 在屏幕坐标系中，数据的正负表示方向不同，并不是数值的大小。在单视图中，X 轴向右为正方向，向左为负方向。Y 轴向上为正方向，向下为负方向。Z 轴靠近视线为正方向，远离视线为负方向。在透视图中时，需要看坐标轴图标箭头的方向，以确定正负。

技巧说明

选择并移动工具通常结合"对象捕捉"工具来使用，后面有详细讲解，在此不再赘述。

2. 选择并旋转 ⟳

快捷键为【E】，该工具可以进行选择对象和旋转操作。在旋转对象时，以锁定的轴向为旋转控制轴。为了更好地确定锁定轴向，可以通过坐标轴图标来判断。红色对应 X 轴，绿色对应 Y 轴，蓝色对应 Z 轴，黄色为当前锁定轴向，如图 2-12 所示。

在进行旋转时，也可以通过上方的数据变化来确定当前操作轴向，如图 2-13 所示，锁定为 Y 轴。

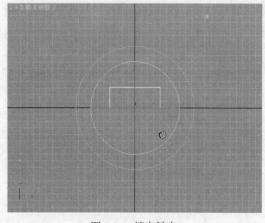

图 2-12　锁定轴向

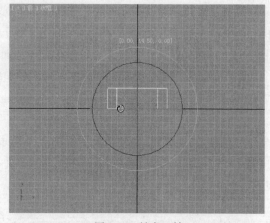

图 2-13　锁定 Y 轴

坐标轴图标的大小调节和精确旋转等操作，与"选择并移动"操作类似，可参考前面内容。

选择并旋转工具，通常结合"角度捕捉"工具来使用，后面有详细讲解，在此不再赘述。

3. 选择并缩放 ▭

组合键为【Ctrl】+【E】，可以将选择的对象进行等比例、非等比例和挤压等操作。

选择工具后，直接在物体上单击并拖动鼠标即可。等比例缩放和非等比例缩放的区别，在于鼠标形状以及悬停在坐标轴图标的位置不同，如图 2-14 所示。

挤压操作：单击 ▭ 按钮后面的"三角"，选择最后的"挤压操作"，可将选择的物体进行挤压。

当改变其中某个轴向时，另外的两个轴向同样会发生变化。即当长方体高度发生变化时，另外的两个轴向也会发生变化，但模型的总体积不变。操作时需要注意鼠标的形状和悬停的位置，如图 2-15 所示。

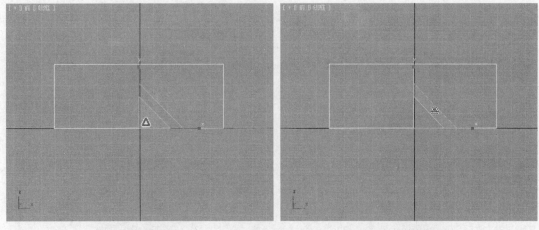

（a）等比例缩放　　　　　　　　　　　　　（b）非等比例缩放

图 2-14　对象的缩放

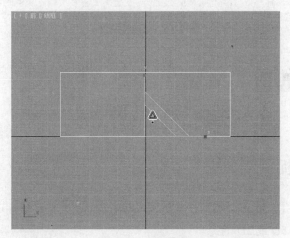

图 2-15　挤压操作

在场景合并时，选择并缩放工具通常用于调节合并过的模型与当前空间的适配关系，后面将通过具体的案例进行讲解和分析。

选择并缩放工具，在以前的版本中快捷键为【R】，习惯以前版本的用户，可以通过自定义快捷键的方式，将快捷键进行还原。执行【自定义】/【自定义用户界面】命令，从弹出界面的"键盘"选项卡的"类别"下拉列表中选择"Tools"，左侧列表中选择"缩放"，将光标定位到右上角"热键"后面的文本框中，在键盘上直接按需要指定的键，"热键"框中就直接出现该按键或组合键，不分字母大小写。最后单击 <u>指定</u> 按钮即可，如图 2-16 所示。其他操作的快捷键均可按此方式更改。

技巧说明

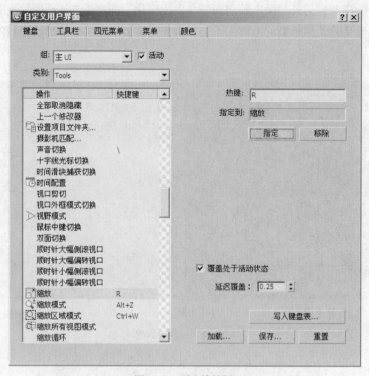

图 2-16　更改快捷键

2.2　捕捉设置

在 3ds Max 软件中，捕捉工具包括对象捕捉、角度捕捉和百分比捕捉 3 种。

2.2.1　对象捕捉

对象捕捉快捷键为【S】，可以根据设置类别进行对象捕捉。按住该按键不放，可以从弹出的列表中选择进行 2D、2.5D 或 3D 捕捉。

1．捕捉设置

鼠标置于 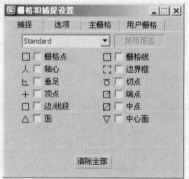 按钮后，右击鼠标，在弹出的界面中设置捕捉内容，如图 2-17 所示。

图 2-17　对象捕捉

2．参数说明

栅格点：在单视图中，默认的网格线与网格线的交点。

轴心：设置该选项后，对象捕捉时，捕捉对象的轴心位置。

垂足：用于捕捉绘制线条时的垂足，适用于线条绘制。

顶点：用于捕捉物体的顶点。与"端点"不同的是，它可以捕捉两个物体重叠部分的交点。

边/线段：用于设置捕捉对象的某个边或线段，平时应用较少。

面：用于设置捕捉"三角形"的网格片，在编辑网格或编辑多边形时使用。

栅格线：用于设置捕捉栅格线，即网格线。

边界框：选中该选项后，捕捉物体的外界边框线条。

切点：用于捕捉绘制线条时的切点，适用于绘制图形。

端点：用于设置捕捉对象的端点。

中点：用于设置捕捉对象的中间点。

中心面：用于设置捕捉"三角形"网格片的中心点。

2D 是指根据设置的捕捉内容，进行二维捕捉，适用于顶视图使用。

2.5D 与 3D 的区别在于设置完捕捉内容后，是否约束 Z 轴。约束 Z 轴的为 3D 捕捉，不约束 Z 轴的为 2.5D 捕捉。

小知识

2.2.2　角度捕捉

角度捕捉快捷键为【A】，根据设置的角度，进行捕捉提示。当设置为 30°时，在旋转过程中，遇到 30°的整数倍，如 30°、60°、90°或 120°时，都会锁定和提示。通常与旋转工具一起使用。

捕捉设置：鼠标置于  按钮，单击鼠标右键，在弹出界面中设置角度数值，如图 2-18 所示。

图 2-18　角度捕捉

2.3　复制

"复制"就是"克隆"，3ds Max 2012 为我们提供了多种复制对象的方法，如变换复制、阵列复制、镜像复制等。

2.3.1　变换复制

按住【Shift】键的同时移动、旋转或缩放对象，可以实现对象的复制操作，如图 2-19 所示，按住【Shift】键的同时，拖动"茶壶"对象，在弹出的界面中设置克隆选项。

复制：生成后的物体与原物体之间无任何关系，适用于复制后没有任何关系的物体。

实例：生成后的物体与原物体之间相互影响，更改原物体将影响生成后的物体，更改生成后的物体将影响原物体。在灯光复制时，适用于同一个开关控制的多个灯光之间的复制。

参考：参考的物体之间的关联是单向的，即原物体仅影响生成后的物体，反之无效。

副本数：用于设置物体通过复制后生成的个数，不包含原来物体。复制后物体总共的个数是指副本数加上原来物体的个数。

名称：用于设置复制后物体的名称，可以实现经过复制后物体改名的操作。

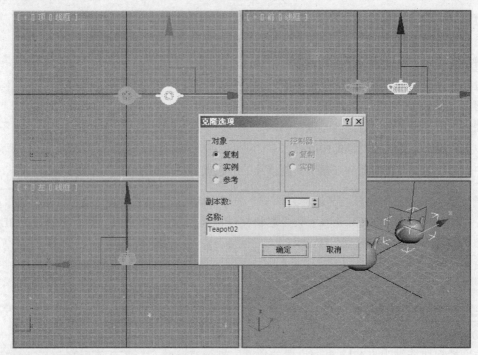

图 2-19　克隆选项

物体复制的相互关联，通常是指更改物体基本参数所发生的变化，如尺寸大小。更改颜色将不会发生变化，因为物体的颜色只是随机产生的，渲染出图时，物体需要材质来体现。

技巧说明

2.3.2　阵列复制

变换复制的方法固然方便快捷，但是很难精确设置复制后物体之间的位置关系，阵列复制则可以满足这一要求。阵列复制可以将选择的物体进行精确的移动、旋转和缩放复制操作。

1.　基本步骤

在页面中创建物体模型，设置参数。选择要复制的物体，执行【工具】/【阵列】命令，弹出"阵列"对话框，如图 2-20 所示。

2.　参数说明

增量：用于设置单个物体之间的关系，如在移动复制时，每个物体与每个物体之间的位置关系。

总计：用于设置所有物体之间的关系，如在移动复制时，总共 5 个物体，从第 1 个到最后一个物体之间总共移动 200 个单位。通过单击 < 移动 > 按钮来切换增量和总计选项。

对象类型：用于设置复制物体之间的关系，分为复制、实例和参考。

阵列维度：用于设置物体经过一次复制后，物体的扩展方向。分为 1D、2D 和 3D，即线性、平面和三维。2D 和 3D 所实现的效果，完全可以通过 1D 进行两次和三次的运算来实现。

预览：单击该按钮后，阵列复制后的效果可以在场景中进行预览。

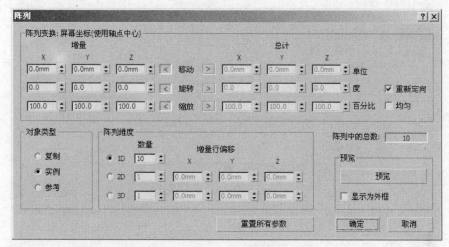

图 2-20　阵列复制

重置所有参数：在 3ds Max 软件中，阵列工具默认记录上一次的运算参数。因此，再次使用阵列复制时，应根据实际情况判断是否需要重置所有参数。

3．阵列应用——制作楼梯

执行【自定义】/【单位设置】命令，将单位改为"mm"。在顶视图中创建长方体，长度为 200mm，宽度为 40mm，高度为 25mm，如图 2-21 所示。

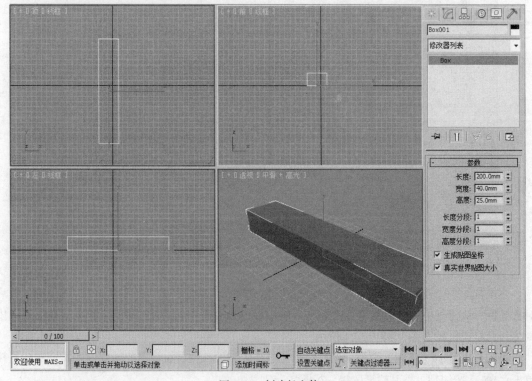

图 2-21　创建长方体

鼠标置于前视图，单击鼠标右键，将操作视图切换为前视图，执行【工具】/【阵列】命令，在弹出的界面中设置参数，如图 2-22 所示。单击 确定 按钮后，得到楼梯效果，如图 2-23 所示。

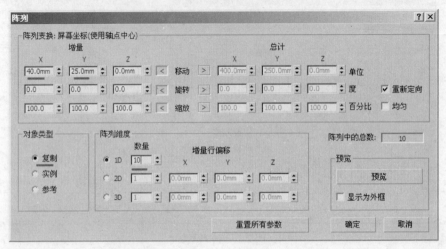

图 2-22　设置参数

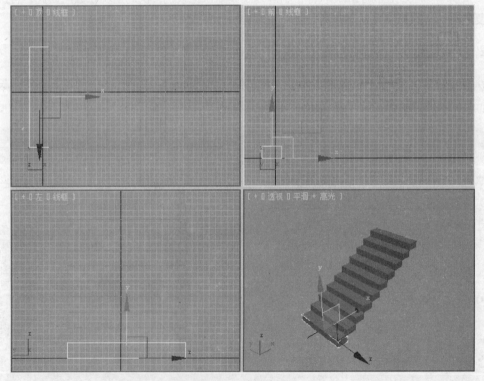

图 2-23　楼梯效果

在顶视图中创建圆柱，半径为 2mm，高度为 70mm，其他参数保持默认。按【S】键，开启对象捕捉，从捕捉中选择 25 按钮，在右击后的捕捉设置界面中，选择"中点"选项，在前视图中调节与台阶的位置关系，如图 2-24 所示。

执行【工具】/【阵列】命令，参数保持与楼梯复制的一致。在弹出的捕捉设置界面中，直接单击 确定 按钮即可得到栏杆效果，如图 2-25 所示。

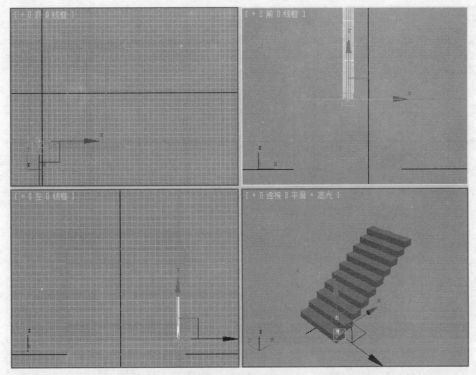

图 2-24　调节圆柱位置

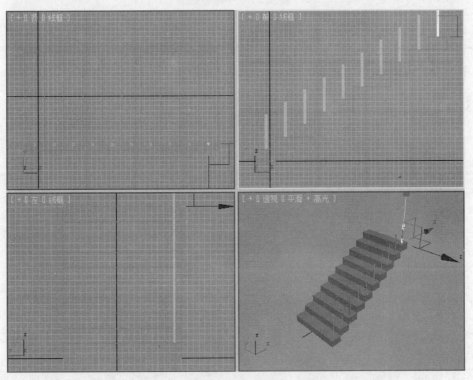

图 2-25　栏杆完成

在左视图中创建圆柱，半径为 4mm，高度为 300mm。在前视图中，通过"移动或旋转"操作，调节扶手位置，如图 2-26 所示。

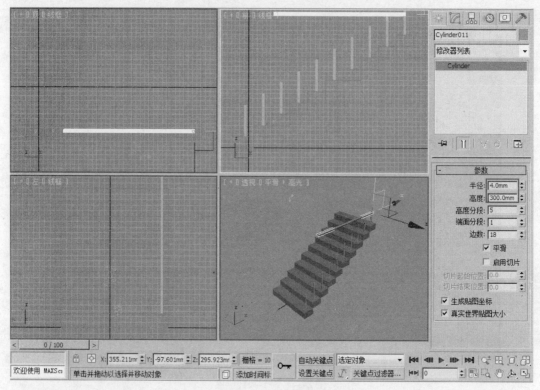

图 2-26　扶手创建完成

　　在前视图中调节好扶手其中一端的位置后，切换到"修改"选项，根据需要更改高度数值。直到合适为止。选择全部的栏杆和扶手对象，在左视图或顶视图中，按住【Shift】键的同时移动复制。得到最后楼梯效果，如图 2-27 所示。

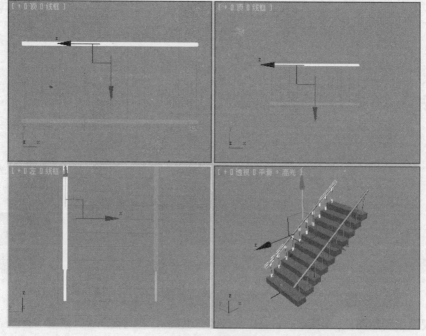

图 2-27　楼梯结果

在进行阵列复制时，对于相同的结果，操作时选择的视图不同，轴向也会不同。即楼梯复制时，在前视图中为 X 轴和 Y 轴，若选择了左视图，轴向为 Y 轴和 Z 轴，若选择了顶视图，轴向为 X 轴和 Z 轴。

4. 更改轴心

在进行旋转复制时，默认以轴心为旋转的控制中心，如图 2-28 所示。因此，在进行旋转阵列复制前，可以根据实际需要更改对象的轴心。

利用 工具选择物体，在命令面板中，切换到层次选项，单击"仅影响轴"按钮，如图 2-29 所示。

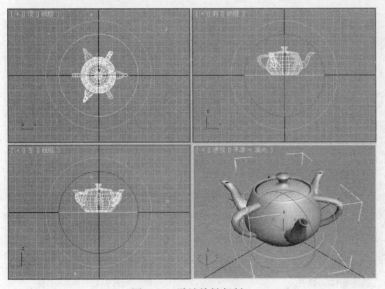

图 2-28　默认旋转复制　　　　　　　　　　图 2-29　仅影响轴

在视图中，使用 工具移动轴心，轴心移动完成后，需要再次单击"仅影响轴"按钮，将其关闭。更改完轴心后，再进行旋转阵列复制，可以得到想要的结果，如图 2-30 所示。

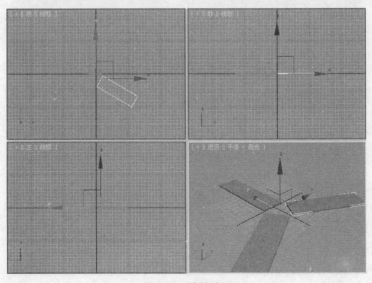

图 2-30　旋转阵列

2.3.3　路径阵列

路径阵列也称"间隔工具"，是将选择的物体沿指定的路径进行复制，实现物体在路径上的均匀分布。可以实现道路两侧的树木分布等效果。基本步骤如下。

创建需要分布的物体模型，使用命令面板中的 按钮，在视图中绘制二维图形作为分布的路径，如图 2-31 所示。

选择要分布的物体，执行【工具】/【对齐】/【间隔工具】命令或按组合键【Shift】+【I】，弹出间隔工具对话框，如图 2-32 所示。

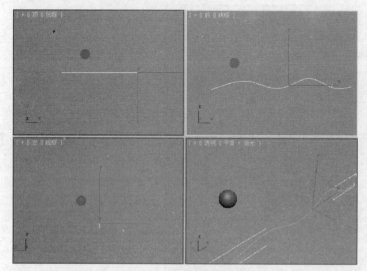

图 2-31　创建物体和路径　　　　　　　　　　　图 2-32　间隔工具

单击 拾取路径 按钮，在视图中单击选择路径对象，设置"计数"中的个数，设置对象复制类型，单击 应用 按钮，单击 关闭 按钮，完成路径阵列复制，如图 2-33 所示。

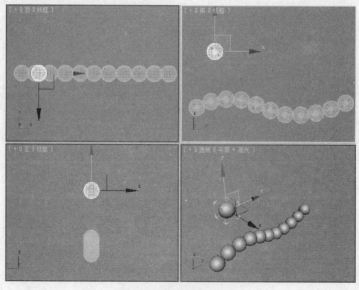

图 2-33　路径阵列结果

2.3.4 镜像复制

镜像复制可以将选择的物体沿指定的轴向进行翻转或翻转复制，适用于制作轴对称的造型。

1. 基本步骤

选择需要镜像复制的物体，单击主工具栏中的 ▦ 按钮，或执行【工具】/【镜像】命令，弹出镜像对话框，如图 2-34 所示。根据实际需要设置参数，单击 确定 按钮，完成镜像。

2. 参数说明

镜像轴：在镜像复制时，物体翻转的方向。并不是指两个物体关于某个轴对称。

偏移：镜像前后，轴心与轴心之间的距离。并不是物体之间的距离。

克隆选项：用于设置镜像的选项。若为"不克隆"时，选择的物体仅进行翻转，原物体发生位置变化，其他选项与前面相同，不再赘述。

镜像 IK 限制：用于设置角色模型时，是否同时镜像 IK（反向运动学）。在效果图制作时，该选项用不到。

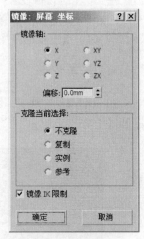

图 2-34 镜像界面

3. 镜像应用

在顶视图中创建茶壶物体，鼠标置于前视图中，右击鼠标，将当前视图切换为前视图。单击主工具栏中的 ▦ 按钮，弹出镜像对话框。设置参数，如图 2-35 所示。

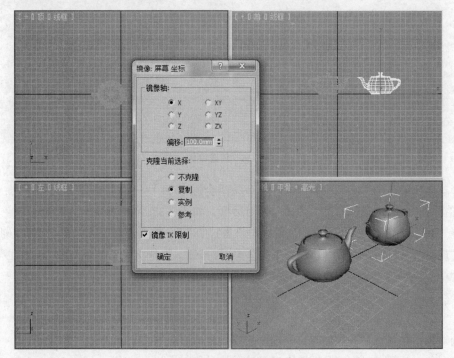

图 2-35 镜像应用

镜像轴：在前视图中，镜像复制时茶壶翻转的轴向。

偏移：茶壶镜像复制后，轴心与轴心之间的距离。

2.4 对齐

在 3ds Max 软件中，"对齐"工具的主要作用是通过 X 轴、Y 轴和 Z 轴确定两个物体之间的位置关系。使用"对齐"、"对象捕捉"和"精确移动"，可以实现精确建模。因此，在基本操作中，"对齐"起了很重要的作用。

1．基本步骤

在 3ds Max 场景中，创建球体和圆锥体两个物体，如图 2-36 所示。通过对齐工具，将球体置于圆锥上方。

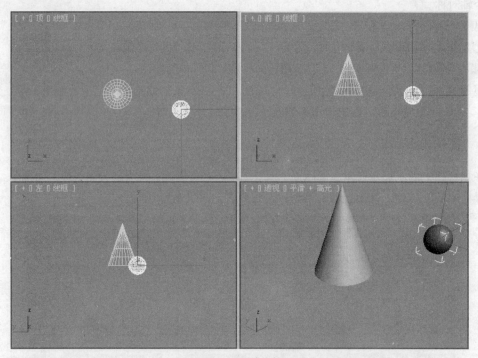

图 2-36　创建物体

选择球体，单击主工具栏中的 按钮，或按组合键【Alt】+【A】，鼠标靠近圆锥体，呈现变形和名称提示时，单击鼠标左键，弹出对齐对话框，如图 2-37 所示。

选择 X 轴，当前对象为"中心"，目标对象为"中心"，单击 应用 按钮。选择 Y 轴，当前对象为"最小"，目标对象为"最大"，单击 应用 按钮。选择 Z 轴，当前对象为"中心"，目标对象为"中心"，单击 确定 按钮。完成对齐操作，如图 2-38 所示。

2．参数说明

当前对象：在进行对齐操作时首先选择的物体为当前对象。

目标对象：选择了对齐工具后单击选择的另外对象。

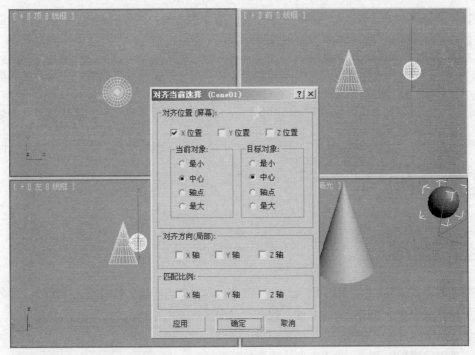

图 2-37 对齐界面

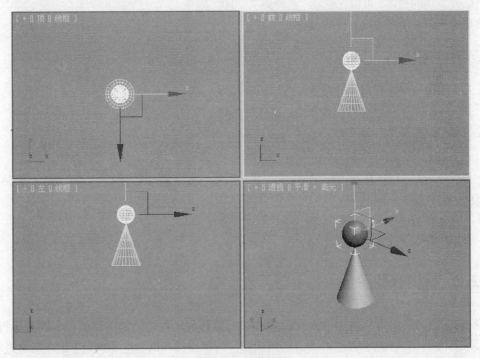

图 2-38 对齐结果

最小：选择对齐方式为最小。即 X 轴方向，最小为左侧，Y 轴方向，最小为下方，Z 轴方向，最小为距离观察方向较远的方向。

中心：确定两个物体的对齐方式为中心。

轴点：确定两个物体的对齐方式以轴心为参考标准。

最大：选择对齐方式为最大。它与最小相反，即 X 轴方向，最大为右侧，Y 轴方向，最大为上方，Z 轴方向，最大为距离观察方向较近的方向。

在进行对齐的过程中，对齐的轴向与选择的当前操作视图有关。如选择左视图进行对齐，球体和圆锥的关系，X 轴和 Z 轴，当前对象为"中心"，目标对象为"中心"；Y 轴，当前对象为"最小"，目标对象为"最大"。在对齐过程中，选择的当前物体模型会发生位置变化。

2.5 群组

2.5.1 选择集

该功能位于主工具栏中。用于定义或选择已命名的对象选择集。若对象选择集已经命名，那么从此下拉列表中选中该选择集的名称，就可以选中选择集包含的所有对象。

当场景中的模型较多时，为了方便快速选择具有某些特征或类别的物体，可以先创建"选择集"，再次选择该集时，即可实现快捷方便的操作。

1. 创建选择集

首先，选择需要建立集合的物体，然后，将光标定位于主工具栏 [创建选择集] 下拉列表框上，直接输入该选择集的名称，并按【Enter】键。

2. 编辑选择集

通过主工具栏中的 按钮，对已存在的选择集进行编辑，如图 2-39 所示。可以对已有的选择集进行重命名、添加和删除等操作。

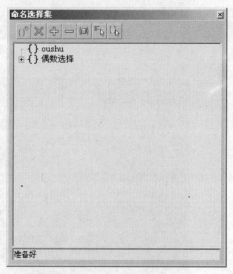

图 2-39　命名选择集

2.5.2 群组操作

在对 3ds Max 软件进行操作时，可将经常用到的多个模型进行群组，方便再次进行编辑。进行群组操作时，主要通过【组】菜单进行，如图 2-40 所示。

成组：将选择的多个对象建立成组，方便选择和编辑。

解组：将选择的组对象，分解成单一的个体对象。

打开：将选择的组打开，方便进行组内对象编辑。组内对象编辑完成后，需要将组进行关闭操作。

图 2-40　【组】菜单

附加：将选择的物体附加到一个组对象中去。与分离操作结果相反。

炸开：将当前组中的对象，包括单对象和组对象，彻底分解为最小的单个体对象。因为群组是可以进行嵌套的，即可以将多个组再合成一个组。

2.6 综合实例——课桌

通过前面的学习，制作简易课桌模型，如图 2-41 所示。

1. 单位设置

执行【自定义】/【单位设置】命令，将 3ds Max 单位改为 "mm"，在顶视图中创建长方体，长度为 400mm，宽度为 1200mm，高度为 20mm，在左视图中创建长方体作为桌腿，长度为 700mm，宽度为 400mm，高度为 20mm，如图 2-42 所示。

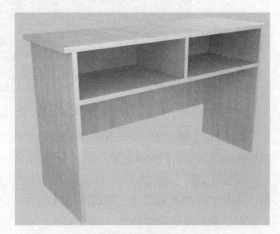

图 2-41　课桌实例

2. 调节位置

按快捷键【S】，启动对象捕捉，将捕捉类型设置为 ³⁰ 按钮状态，在右击鼠标弹出的捕捉设置界面中，选中"端点"，使用 ⊕ 工具，调节桌腿与桌面位置，如图 2-43 所示。

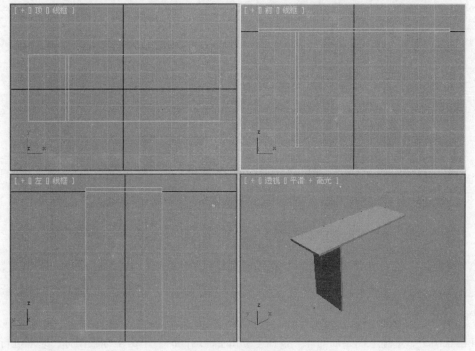

图 2-42　创建物体

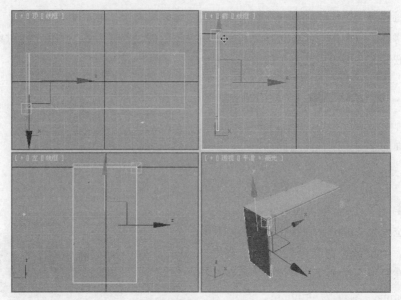

图 2-43　端点捕捉

按【F12】键，在弹出的界面中，选择屏幕坐标系，在 X 轴中输入 30 并按【Enter】键，如图 2-44 所示。

按住【Shift】键的同时，在前视图中移动桌腿，进行复制。先将桌腿捕捉到端点，再通过【F12】键向左侧移动 30 个单位，最后得到课桌效果，如图 2-45 所示。

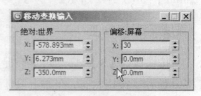

图 2-44　输入偏移距离

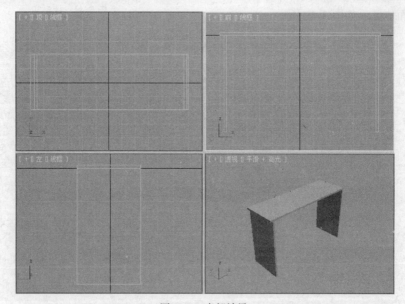

图 2-45　桌部效果

3．制作搁板

在前视图中，选择上面桌面对象，按住【Shift】键的同时，单击坐标轴图标，原地进行复制。按【F12】键，在屏幕坐标系中，在 Y 轴文本框中输入-200 并按【Enter】键。将长方体的长度改为 1 100mm，如图 2-46 所示。

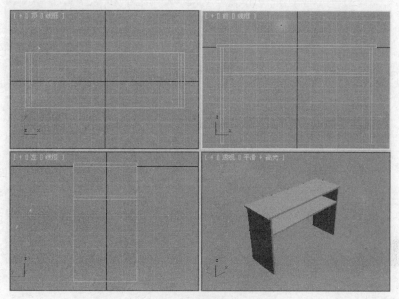

图 2-46　搁板效果

4. 制作中间隔板

在前视图中创建长方体，作为中间的隔板。长度为 180 mm，宽度为 20 mm，高度为 400 mm，生成中间隔板造型，如图 2-47 所示。

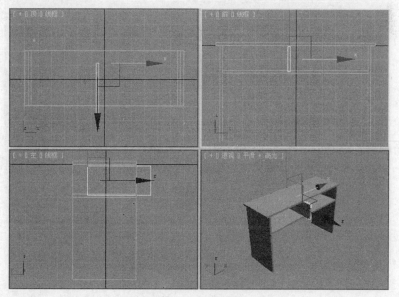

图 2-47　中间隔板

5. 调节位置

按【S】键启动对象捕捉，右击 ³ 按钮，在弹出的对象捕捉界面里选中"中点"选项，在前视图中调节隔板与桌面的位置关系。在调节位置时，可以按【G】键，将网格关闭，如图 2-48 所示。

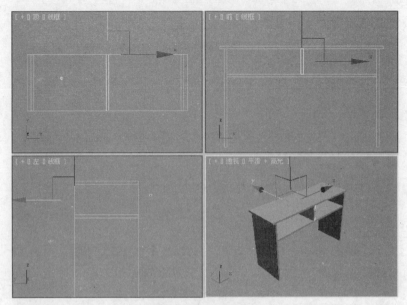

图 2-48　隔板位置确定

6. 进行群组

课桌的各个部位创建完成后，可以将其全部选中，设置颜色并进行群组。执行【组】/【成组】命令，得到最后的课桌效果，如图 2-49 所示。

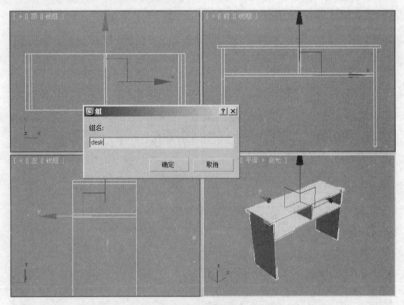

图 2-49　课桌效果

2.7　本章小结

通过本章节的学习，读者应掌握主工具栏的基本操作。对于每个工具的具体操作还需要读者多加练习，以达到熟练应用的目的，为后续效果图的制作奠定基础。

创建物体模型时，可以通过对基本物体添加编辑命令，来实现效果图所需要的造型。常用的编辑命令通常包括二维编辑命令和三维编辑命令。本章主要介绍常用的三维编辑命令。

本章要点

➢ 编辑修改器的使用和配置

➢ 常用三维编辑命令

3.1 编辑修改器的使用和配置

编辑修改器是三维设计中常用的对象编辑修改工具，通过调整编辑修改器，可以对基本的三维模型进行调整修改，以获得更为复杂的物体模型。

3.1.1 基本操作

首先，在视图中创建物体，选择物体后，在命令面板中单击 ☑ 按钮切换到编辑选项，单击 修改器列表 ▾ 按钮，通过右侧滑块，从列表中选择需要添加的命令，如图3-1所示。

3.1.2 修改器面板简介

通过【修改器】菜单或修改器面板，均可以为对象添加编辑修改命令，通过修改器面板添加命令更方便。因此，下面详细介绍修改器面板，如图3-2所示。

1. 修改器列表

修改器列表用于为选中的对象添加修改命令，单击该下拉框可以从打开的下拉列表中，添加所需要的命令。当对一个物体添加多个修改命令时，集合为修改器堆栈。只有堆栈列表中包含的命令或对象可以随时返回去修改参数，如图 3-2 所示。例如，圆柱体（Cylinder）添加"弯曲（Bend）"命令后，可以单击修改器堆栈中的"Cylinder"返回圆柱体选项，更改相应的参数，如图 3-3 所示。

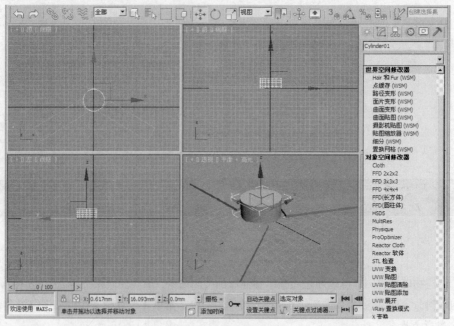

图 3-1　修改器列表

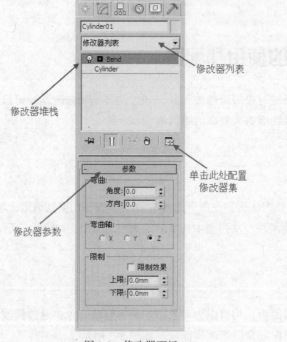

图 3-2　修改器面板

图 3-3　返回更改参数

2．修改器堆栈

修改器堆栈用来显示所有应用于当前对象上的修改命令，通过修改器堆栈可以对应用于该对象上的修改命令进行管理，如复制、剪切、粘贴、删除等。可以通过右击修改器堆栈中的命令名称进行操作，如图 3-4 所示。

3. 修改器堆栈按钮

该区域的按钮主要用于控制修改命令后效果的显示状态。各个按钮作用如下。

锁定堆栈 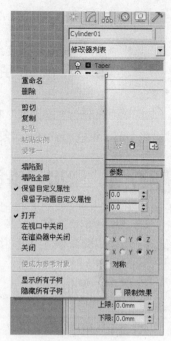：保持选择对象修改器的激活状态，即在变换选择的对象时，修改器面板显示的还是原来对象的修改器。此按钮主要用于协调修改器的效果与其他对象的相对位置。保持默认状态即可。

显示最终效果 ：默认为开启状态，保持选中的物体在视图中显示堆栈内所有修改命令后的效果。方便查看某命令的添加对当前物体的影响。

使唯一 ：断开选定对象的实例或参考的链接关系，使修改器的修改只应用于该对象，而不影响与它有实例或参考关系的对象。若选择的物体本身就是一个独立的个体，则该按钮处于不可用状态。

删除命令 ：单击该按钮后，会将当前选择的编辑命令删除，还原到以前状态。

图 3-4　操作修改器

配置修改器集 ：此按钮用于设置修改器面板以及修改器列表中修改器的显示。

4. 配置修改器面板

在日常使用时，可以在"修改"选项中将常用的编辑命令显示为按钮形式，使用时直接单击按钮，比从"修改器列表"中选择命令方便很多。

单击修改器面板中的 按钮，弹出屏幕菜单，如图 3-5 所示。

单击"显示按钮"选项，再次单击"配置修改器集"选项，在弹出的界面中，从左侧列表中选择编辑命令，单击并拖动到右侧空白按钮中。若拖动到已有名称的按钮，则会覆盖编辑命令，如图 3-6 所示。通过"按钮总数"可以调节显示命令按钮的个数。

图 3-5　配置修改器集

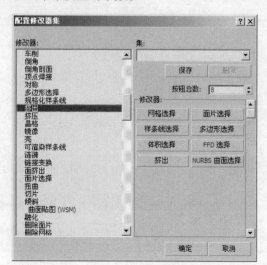

图 3-6　配置命令

5. 塌陷修改命令

塌陷修改命令是在不改变编辑命令结果的基础上删除修改器。使系统不必每次操作都要运行一次修改器的修改，以节省内存。编辑命令塌陷完成后，不能返回到修改器堆栈的命令再次更改参数。

塌陷命令分为"塌陷到"和"塌陷全部"两个结果，"塌陷到"只塌陷当前选择的编辑命令，"塌陷全部"将应用于当前对象的所有编辑命令。

3.2 常用三维编辑命令

在 3ds Max 软件中，包含了 100 多个编辑命令，有的编辑命令适用于三维编辑，如弯曲、锥化等；有的编辑命令适用于二维编辑，如挤出、车削等，本章节主要介绍常用的三维编辑命令。

3.2.1 弯曲

弯曲命令用于将对象沿某一轴进行弯曲操作，就如同我们手指弯曲的效果。

1. 基本步骤

在顶视图中创建圆柱体，设置参数。选中圆柱体，按快捷键【1】，直接切换到命令面板的"修改"选项，单击 修改器列表 按钮，从中选择"弯曲"命令，如图 3-7 所示。

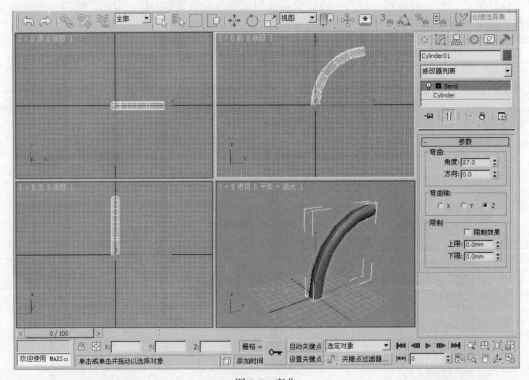

图 3-7 弯曲

2.　参数说明

角度：用于设置物体弯曲后，上下截面延伸而构成的夹角。

方向：用于设置物体弯曲的方向。在进行更改时，以 90 的倍数进行更改。

弯曲轴：用于设置物体弯曲的作用轴。对于选择的物体来讲，只有一个轴是合适的，以不扭曲变形为原则。

限制：用于设置物体弯曲的作用范围。默认整个选择的物体均弯曲。通过限制可以设置弯曲其中一部分。

上限：用于设置选择物体轴心 O 点以上的部分，受弯曲作用的影响。

下限：用于设置选择物体轴心 O 点以下的部分，受弯曲作用的影响。设置上限或下限时，需要选中"限制效果"的复选框。

　在弯曲过程中，下限的部分是指从轴心 O 往下，通常为负数。在更改时，除了输入负数以外，还需要将修改器列表中"Bend"前的"+"展开，选择"Gizmo"，在视图中移动 Gizmo 位置，更改变换的轴心。

3.　弯曲应用——制作旋转楼梯

操作视频所在位置：光盘/第 3 章/旋转楼梯.mp4。

在顶视图中创建长方体，长度为 300mm，宽度为 40mm，高度为 25mm。在顶视图创建圆柱体，半径为 2mm，高度为 70mm，如图 3-8 所示。

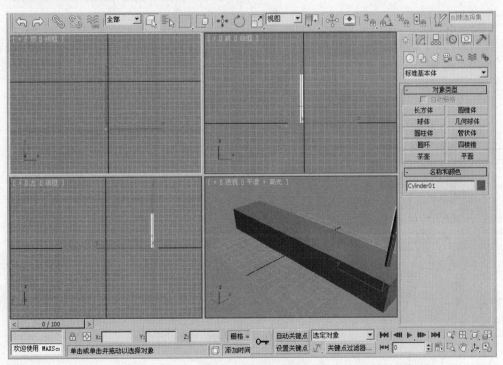

图 3-8　创建物体

切换前视图为当前视图，选择圆柱体，单击主工具栏中的█按钮，或按【Alt】+【A】组合键，在前视图中进行对齐操作，如图 3-9 所示。

在"对齐当前选择"对话框中选择 X 轴方向，当前对象和目标对象均为"中心"；Y 轴方向，当前对象为"最小"，目标对象为"最大"；Z 轴方向暂时不用设置，直接在左视图移动位置即可。

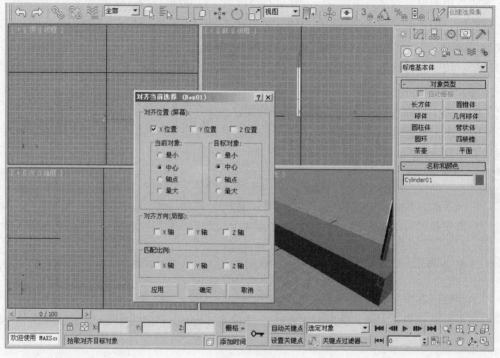

图 3-9　对齐

在前视图中，同时选择长方体和圆柱，执行【工具】/【阵列】命令，在弹出的界面中设置参数，如图 3-10 所示。生成造型，如图 3-11 所示。

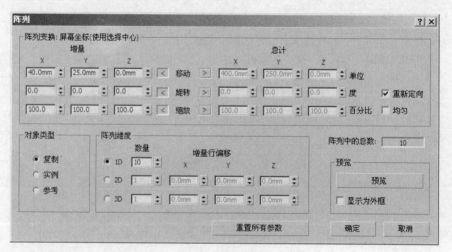

图 3-10　阵列参数

在左视图中创建圆柱体，半径为 3mm，高度为 300mm，高度分段为 30。在命令面板"修改"选项中添加"弯曲"命令，调节参数，如图 3-12 所示。

46

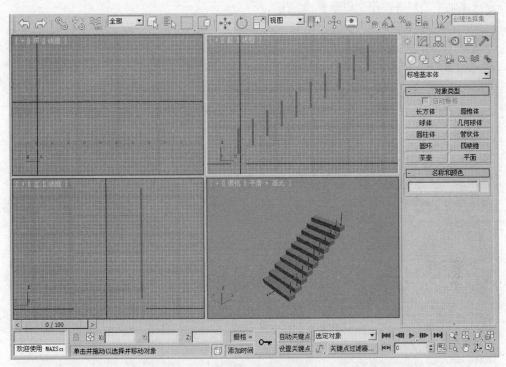

图 3-11　阵列结果

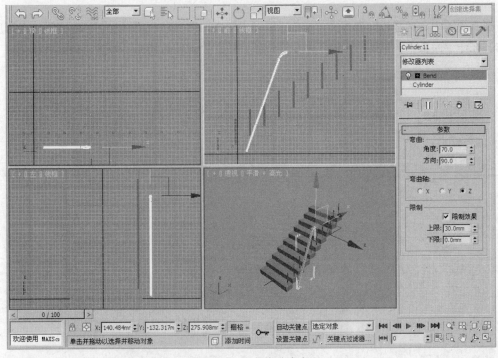

图 3-12　添加弯曲命令

在前视图中，通过"旋转和移动"调节扶手的位置。当高度尺寸不够时，可以在"修改堆栈"中单击列表中的"Cylinder"，返回到圆柱参数，更改高度数据。在左视图中，与已经绘制完成的

栏杆进行 X 轴中心对齐操作；如图 3-13 所示。

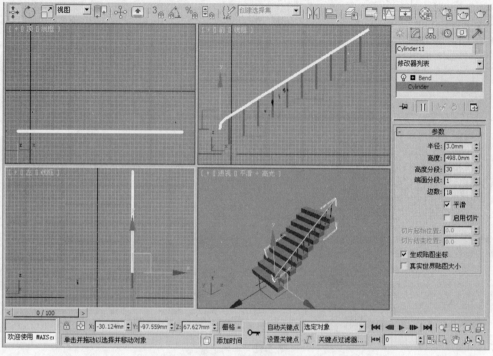

图 3-13　对齐完成

在左视图中，选择栏杆和扶手，按住【Shift】键的同时移动对象，复制另外一侧。选择所有物体，在命令面板中，添加"弯曲"命令，设置参数，生成旋转楼梯，如图 3-14 所示。

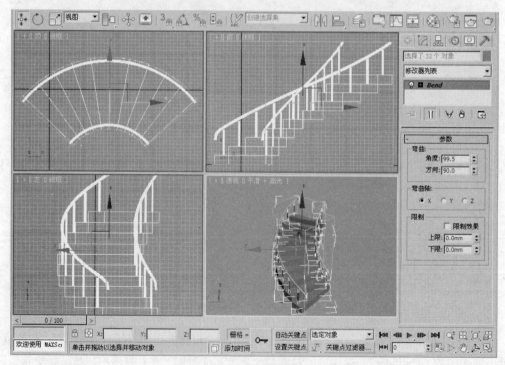

图 3-14　旋转楼梯

3.2.2 锥化

锥化命令用于将选择的三维物体进行锥化操作，即对模型的上截面进行缩放或中间造型的曲线化操作。

1. 基本步骤

在顶视图中创建长方体，长度为 60mm，宽度为 60mm，高度为 60mm。按主键盘数字键【1】，切换到修改选项，单击 修改器列表 按钮，从弹出的列表中选择"锥化"命令，如图 3-15 所示。

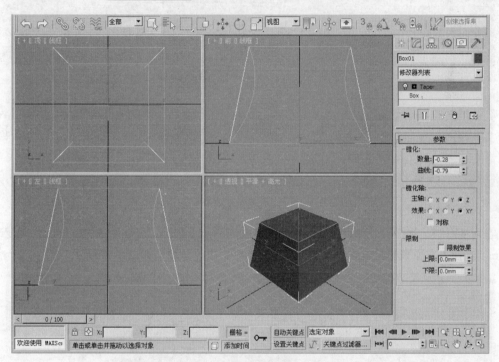

图 3-15 锥化

2. 参数说明

数量：用于设置模型上截面的缩放程度。当数量为-1 时，上截面缩小为一个点。

曲线：用于控制模型中间的曲线化效果。当为正数时，中间侧面凸出，为负数时，中间侧面凹进。若调节曲线参数时，出现橙色变换线框，而模型没有变化，则说明物体的锥化方向段数不足。在修改器堆栈中返回原物体，更改分段数即可。

锥化轴：用于设置锥化的坐标轴（主轴）和产生效果的轴（效果图）。

限制：用于设置锥化的作用范围。与"弯曲"命令中的"限制"类似，在此不再赘述。

3. 锥化应用——制作桥栏杆

操作视频所在位置：光盘/第 3 章/桥栏杆.mp4。

首先，执行【自定义】/【单位设置】命令，将 3ds Max 软件单位设置为"mm"。在顶视图中，创建长方体，长度为 50mm，宽度为 50mm，高度为 10mm，如图 3-16 所示。

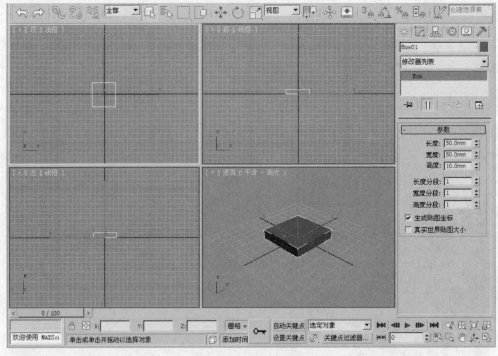

图 3-16　创建长方体

在前视图中，选择长方体，按住【Shift】键的同时向下移动，复制生成长方体。将高度改为 20mm。选择上方原来的长方体，添加"锥化"命令，更改参数，如图 3-17 所示。

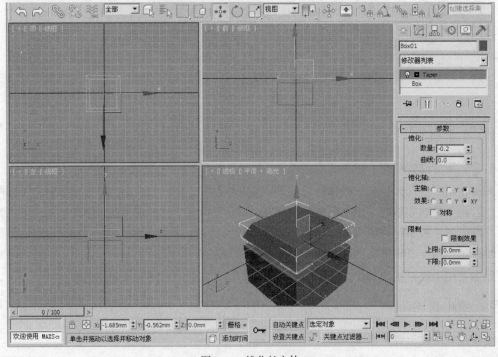

图 3-17　锥化长方体

在前视图中，选择下方的长方体，按住【Shift】的同时向下移动复制长方体。将长方体高度改为 30mm，高度分段改为 15。添加"锥化"命令，设置参数，如图 3-18 所示。

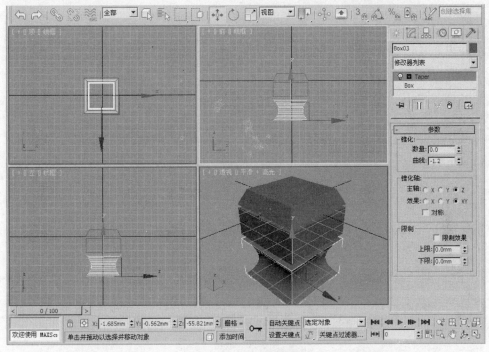

图 3-18 锥化中间造型

在前视图中，选择第二个长方体，按住【Shift】键的同时向下移动复制长方体，将高度改为 200mm。调节位置，如图 3-19 所示。

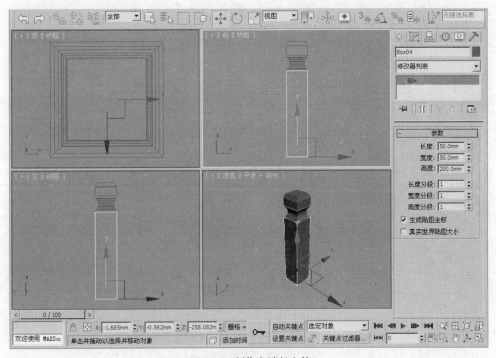

图 3-19 制作底端长方体

使用对齐工具，在前视图中，确定 Y 轴对齐方式即可。将 4 个长方体确定位置关系。按【Ctrl】
+【A】组合键，选择所有物体，执行【组】/【成组】命令，如图 3-20 所示。

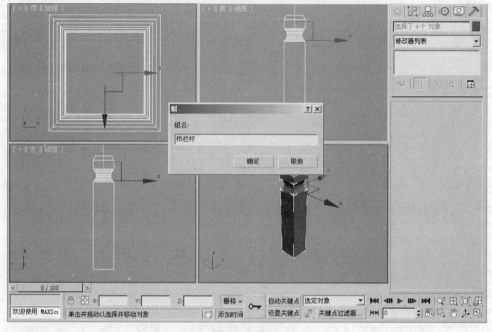

图 3-20   成组

在前视图中，按住【Shift】键的同时移动组对象，进行复制操作。在左视图中，创建长方体
作为中间的横栏对象，如图 3-21 所示。

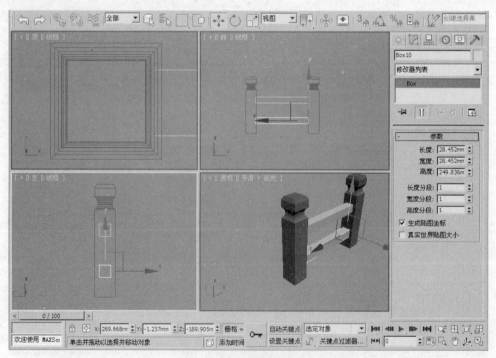

图 3-21   横栏效果

在前视图中，选择右侧桥栏杆和中间两条横栏，按住【Shift】键的同时，向右移动，复制多个栏杆和横栏。生成一侧桥栏杆，再复制生成另外一侧。最后得到桥栏杆效果，如图 3-22 所示。

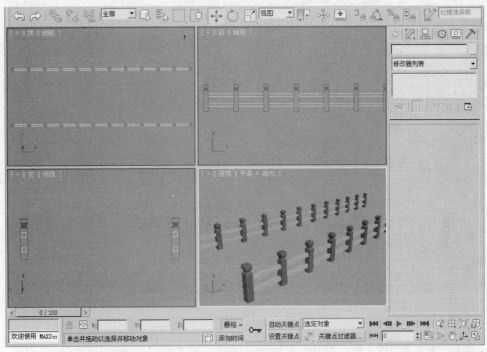

图 3-22　桥栏杆

3.2.3　扭曲

扭曲命令用于对选中的对象进行扭曲操作。以选择物体的某个轴为中心，旋转物体截面。通过扭曲生成的造型不适合在装饰效果图中使用。因为软件设计模型比较方便，而在实际装饰时，仍需要考虑到后期的具体施工。

1．基本步骤

在顶视图创建长方体，长度为 20mm，宽度为 60mm，高度为 200mm，高度分段为 30，如图 3-23 所示。

选择长方体，按主键盘数字键【1】，切换到"修改"选项，单击 修改器列表 按钮，添加"扭曲"命令，设置参数，如图 3-24 所示。

2．参数说明

角度：用于设置对象沿扭曲轴旋转的角度。

偏移：用于设置扭曲的趋向。以基准点为准，通过数值来控制扭曲是向基准点聚拢还是散开。正值表示聚拢，负值表示散开。

扭曲轴：用于设置扭曲的操作轴。同样也只有一个是合适的。

限制：用于设置扭曲的作用范围。与前文所述的"弯曲"命令类似，在此不再赘述。

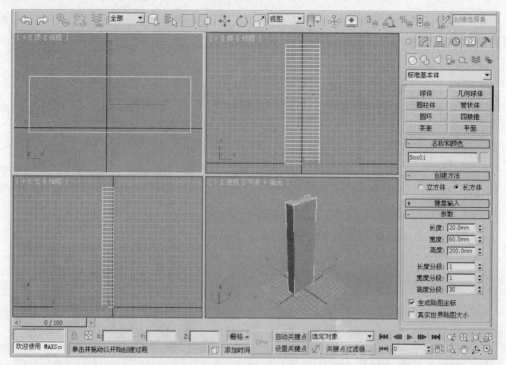

图 3-23　创建长方体

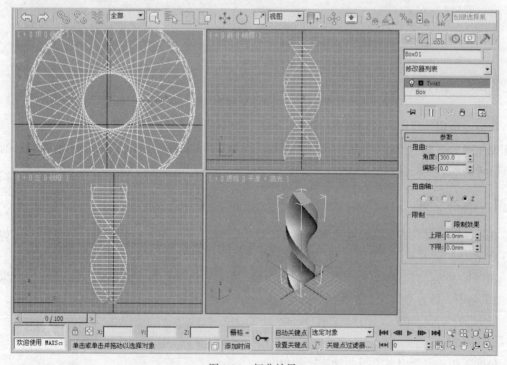

图 3-24　扭曲效果

3. 扭曲应用——制作"冰淇淋"

操作视频所在位置：光盘/第 3 章/冰淇淋.mp4。

在顶视图中，在命令面板中选择 类型中的 星形 按钮，单击并拖动鼠标，创建星形对象，设置参数，如图 3-25 所示。

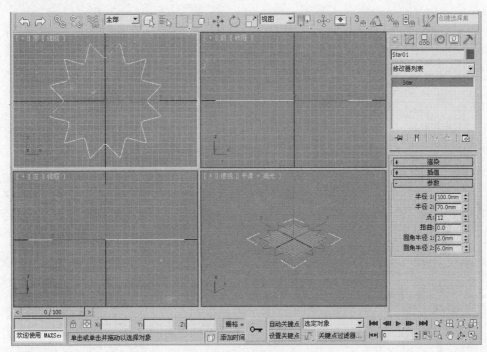

图 3-25 创建星形

在命令面板中，单击"修改"选项，单击 修改器列表 按钮，添加"挤出"命令，设置参数，如图 3-26 所示。

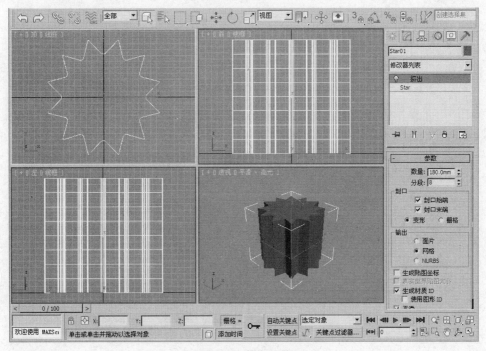

图 3-26 挤出星形

在命令面板的"修改"选项中，单击 修改器列表 按钮，添加"锥化"命令，设置参数，如图 3-27 所示。

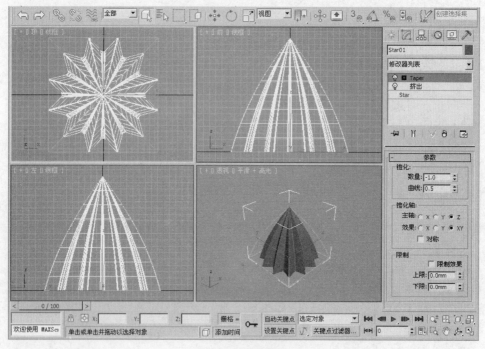

图 3-27　锥化模型

在命令面板的"修改"选项中，单击 修改器列表 按钮，添加"扭曲"命令，设置参数，如图 3-28 所示。

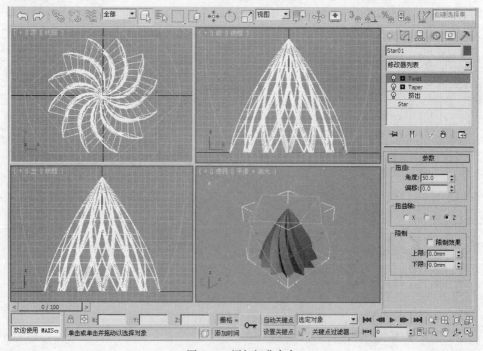

图 3-28　添加扭曲命令

在命令面板的"修改"选项中，单击 修改器列表 按钮，添加"弯曲"命令，对造型进行适当弯曲操作，设置参数，更改造型颜色，如图 3-29 所示。

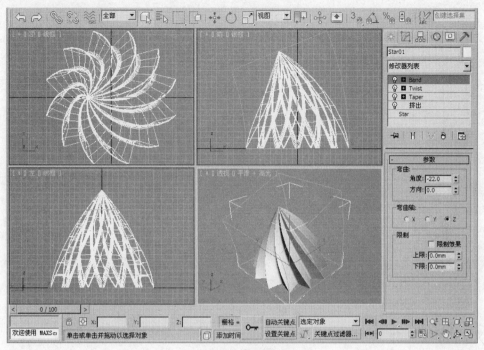

图 3-29　最后造型

3.2.4　晶格

晶格命令也称"结构线框"命令，根据物体的分段数将模型进行线框显示。

1．基本步骤

在场景中选择已经编辑过的物体模型，切换到命令面板的"修改"选项，单击 修改器列表 按钮，添加"晶格"命令，设置参数，如图 3-30 所示。

2．参数说明

几何体：设置"晶格"命令的应用范围，可以从中选择"仅来自顶点的节点"、"仅来自边的支柱"或"二者"，通过后续的支柱或节点来设置。"应用于整个对象"复选框是针对高级建模中的可编辑网格和可编辑多边形对象使用的。

支柱：用于设置"线框"的显示效果。

节点：用于设置"网格线交点"的显示效果。

贴图坐标：用于指定选定对象的贴图坐标。

3．晶格应用——制作"纸篓"

操作视频所在位置：光盘/第 3 章/纸篓.mp4。

首先，在顶视图中创建圆柱，半径为 35mm，高度为 100mm，端面分段为 2，其他参数保持默认，如图 3-31 所示。

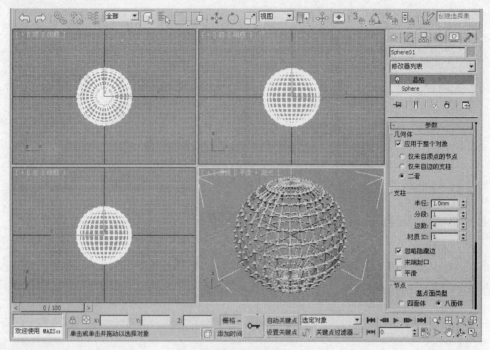

图 3-30　晶格显示

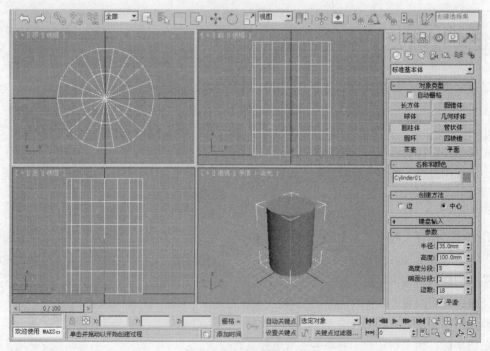

图 3-31　创建圆柱

选择圆柱体，按主键盘数字键【1】，切换到命令面板的"修改"选项，单击 修改器列表 按钮，添加"锥化"命令，设置参数，如图 3-32 所示。

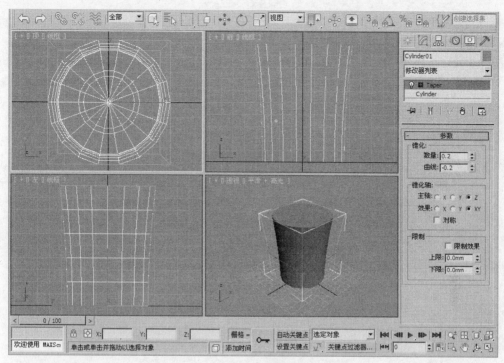

图 3-32 添加锥化

在"修改"选项中，单击 修改器列表 按钮，添加"扭曲"命令，设置参数，如图 3-33 所示。

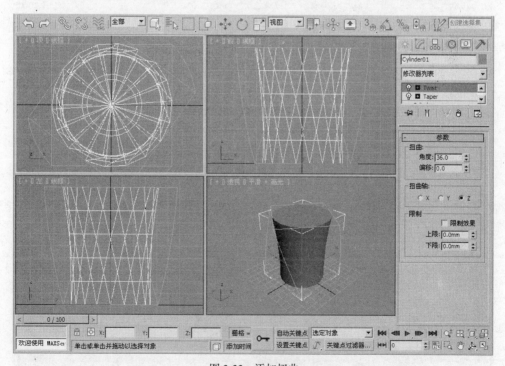

图 3-33 添加扭曲

将当前视图切换为透视图，按【F4】键，切换显示效果为"平滑+高光"，右击鼠标，在弹出的屏幕菜单中选择【转换为】/【转换为可编辑多边形】命令，如图 3-34 所示。

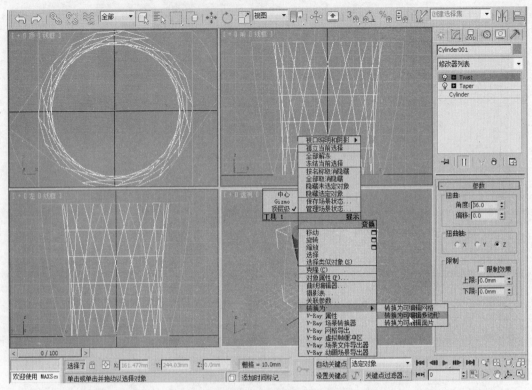

图 3-34　可编辑多边形

在"编辑多边形"命令中，编辑方式选择"多边形"，选中"忽略背面"选项，在透视图中，选择上方的所有区域，如图 3-35 所示。

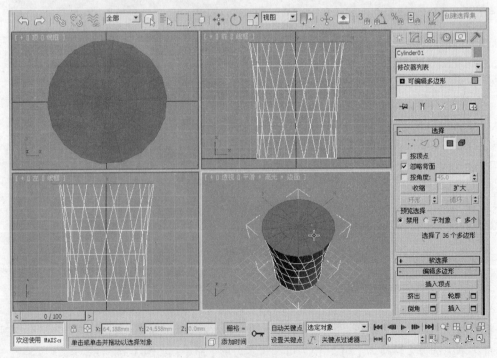

图 3-35　选择端面区域

按键盘上的【Del】键，将其删除。单击 修改器列表 按钮，添加"晶格"命令，如图 3-36 所示。

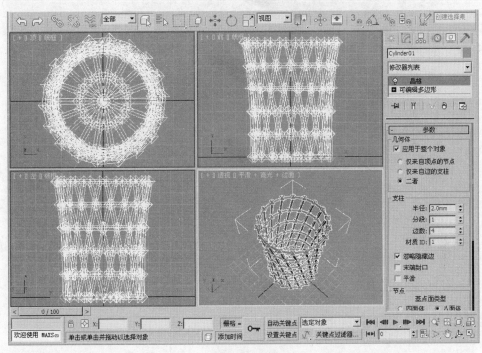

图 3-36　晶格

按【Alt】+【W】组合键，或单击页面右下角的 按钮，将当前视图最大化显示。按【F4】键，设置晶格参数，如图 3-37 所示。

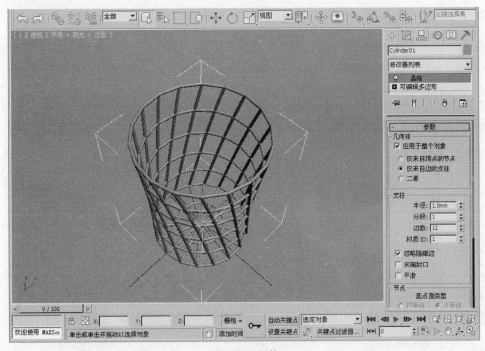

图 3-37　纸篓

将纸篓模型原地"镜像"复制一个，适当旋转，将网格与网格连接在一起，如图 3-38 所示。

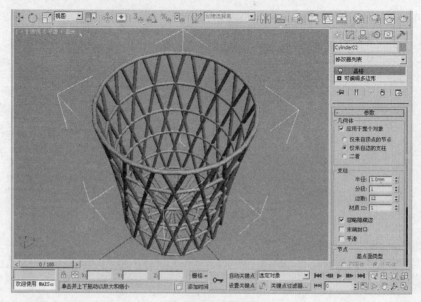

图 3-38　最后效果

3.2.5　FFD（自由变形）

FFD（自由变形）命令是网格编辑中非常重要的编辑命令。根据三维物体的分段数，通过控制点使物体产生平滑一致的变形效果。FFD（自由变形）命令包括 FFD2×2×2、FFD3×3×3、FFD4×4×4、FFD 长方体和 FFD 圆柱体等 5 种方式。

1. 基本步骤

首先，在顶视图中创建长方体，在命令面板"修改"选项中，单击 修改器列表 按钮，从中选择 FFD 系列命令，如图 3-39 所示。

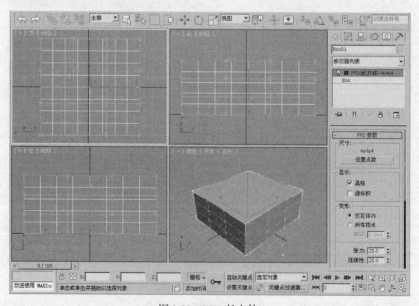

图 3-39　FFD 长方体

单击"FFD"前的"+"，将其展开，选择"控制点"，在视图中选择段数控制点，进行移动变形，如图 3-40 所示。

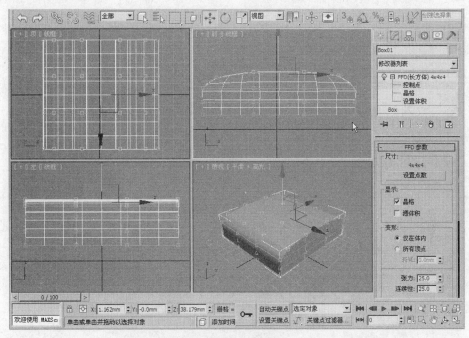

图 3-40　FFD 编辑

2. FFD 应用——制作"苹果"

操作视频所在位置：光盘/第 3 章/苹果.mp4。

首先，在顶视图中创建球体，半径为 40mm，其他参数为默认，如图 3-41 所示。

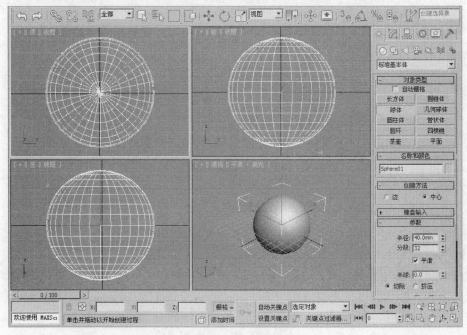

图 3-41　创建球体

按主键盘数字键【1】，切换到"修改"选项，单击 修改器列表 按钮，从中选择"FFD（圆柱体）"命令，单击参数中的 与图形一致 按钮，如图 3-42 所示。

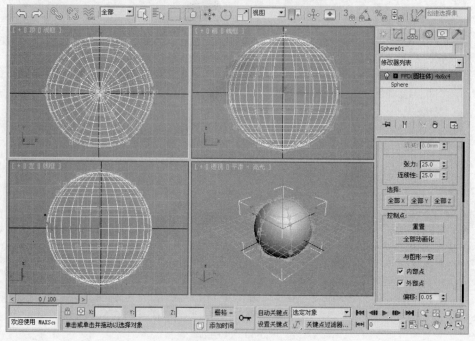

图 3-42　与图形一致

当前视图切换为前视图，将 FFD 前的"+"展开，选择"控制点"，在前视图中，依次选择上面和下面的点，并向中间移动，如图 3-43 所示。

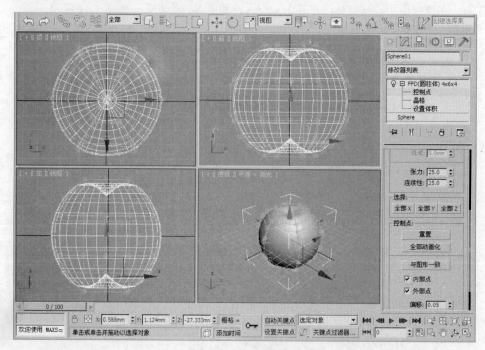

图 3-43　移动控制点

退出控制点编辑，单击 修改器列表 ▼ 按钮，添加"锥化"命令，设置参数，如图 3-44 所示。

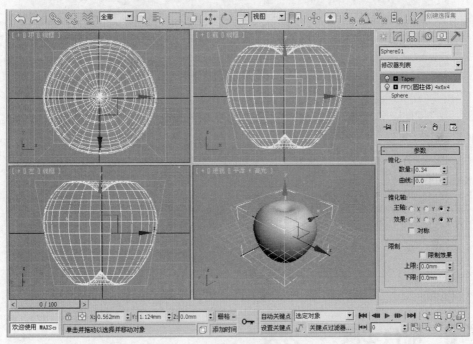

图 3-44　锥化

在顶视图中，创建圆柱体，半径为 2mm，高度为 35mm，高度分段为 10，如图 3-45 所示。

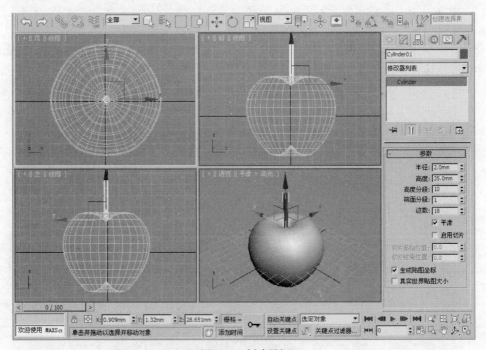

图 3-45　创建果柄

在"修改"选项中，依次添加"锥化"命令和"弯曲"命令，生成弯曲的果柄效果。调节位置，得到最后效果，如图 3-46 所示。

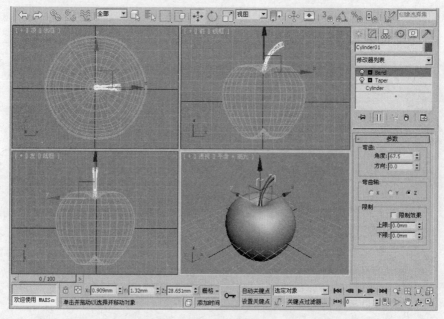

图 3-46　苹果

3.3　综合实例——沙发

利用本章节所学的知识，创建简易沙发造型。

1. 创建沙发底座

在命令面板中，从"几何体"下拉列表中选择"扩展基本体"，单击 切角长方体 按钮，在顶视图中创建物体，设置参数，如图 3-47 所示。

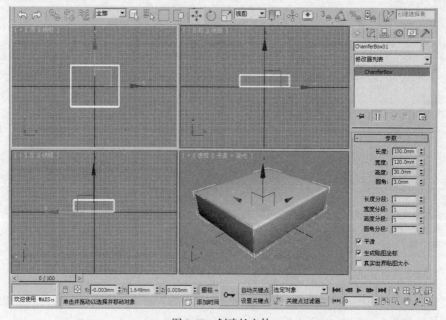

图 3-47　创建长方体

将当前视图切换为前视图，按住【Shift】键的同时向上移动复制，生成沙发座垫模型，如图 3-48 所示。

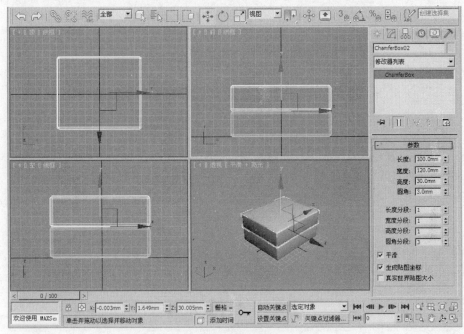

图 3-48　复制长方体

2. 创建沙发扶手

在左视图中，利用"切角长方体"按钮创建模型，设置参数，如图 3-49 所示。

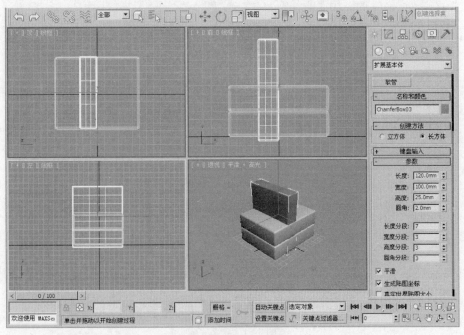

图 3-49　创建扶手物体

将当前操作视图切换为前视图，单击 修改器列表 ⌄ 按钮，添加"FFD（长方体）"命令，单击"设置点数"按钮，在弹出的界面中设置 FFD 的点数，如图 3-50 所示。

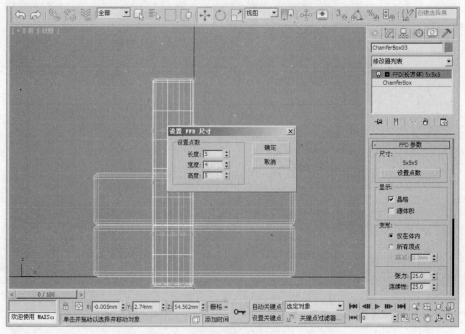

图 3-50 设置点数

在前视图中，将 FFD 前的"+"展开，选择"控制点"，在视图中调节控制点，影响物体变形，生成扶手效果如图 3-51 所示。

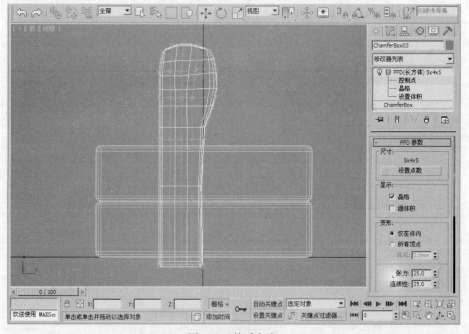

图 3-51 扶手完成

退出"FFD"子编辑，在前视图中调节位置，执行镜像复制操作，得出另外一边的扶手。调节位置，如图 3-52 所示。

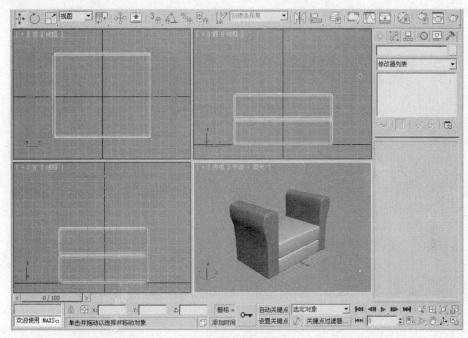

图 3-52 两边扶手

3. 创建沙发靠背

在前视图中创建"切角长方体"，设置参数，制作沙发靠背对象，如图 3-53 所示。

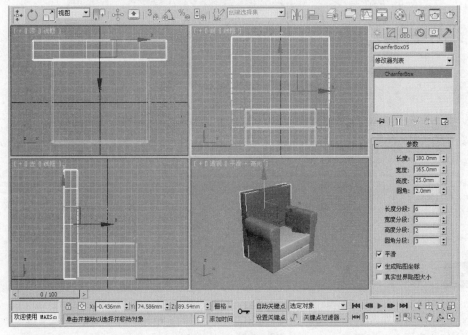

图 3-53 创建靠背

在"修改"选项中,单击 修改器列表 按钮,添加"FFD(长方体)"命令,通过 FFD 实现沙发靠背对象,如图 3-54 所示。

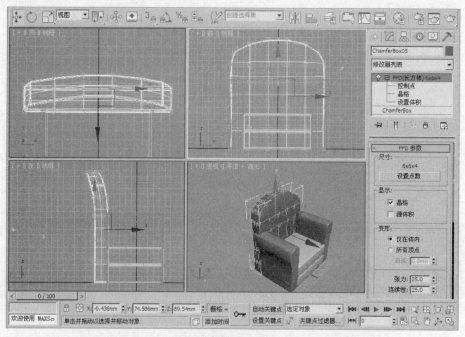

图 3-54　靠背完成

单个沙发创建完成后,可以进一步创建其他类型的沙发,如图 3-55 所示。

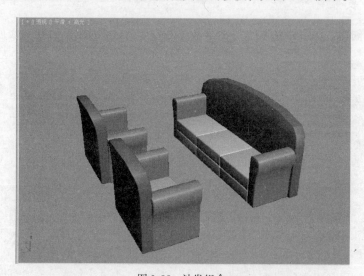

图 3-55　沙发组合

3.4　本章小结

本章主要介绍了常见的三维编辑命令。包括弯曲、扭曲、锥化、FFD 等。三维编辑命令是 3ds Max 中的基础建模部分,需要广大读者多加练习,为后续的高级建模奠定基础。

3.5　课后练习

利用本章所学习的知识，制作以下实例。

1．制作抱枕

【涉及知识点】FFD（长方体）、松驰、涡轮平滑，如图 3-56 所示。

【制作视频位置】光盘/第 3 章/抱枕.mp4

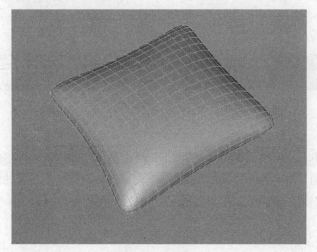

图 3-56　抱枕

2．制作吊扇

【涉及知识点】对齐、阵列复制、车削，如图 3-57 所示。

【制作视频位置】光盘/第 3 章/吊扇.mp4

图 3-57　吊扇

第**4**章

二维编辑命令

制作效果图时，物体的模型通常情况下都是先创建二维线条，再将形状合适的线条经"挤出""车削"和"倒角"等命令编辑操作后，轻松制作出所需要的模型。本章重点介绍二维线条的创建及编辑操作，以满足更加灵活的建模要求。

本章要点

➢ 二维线条创建

➢ 编辑样条线

➢ 二维编辑命令

4.1　创建二维线条

1. 基本步骤

在命令面板的"新建"选项中，单击 按钮，切换到图形面板，如图 4-1 所示。

从中选择对象名称，在视图中单击并拖动鼠标即可创建。不同物体的创建方法有所不同，如矩形，在页面中单击并拖动出两个对角点即可完成，圆环则需要单击并拖动多次才能完成。因此，具体的创建方法还需要读者去尝试。

线对象在创建时相对特殊一些，选择"线"按钮后，在页面中单击生成角点，单击并拖动生成平滑点，按住【Shift】键时，限制水平或垂直方向，右击鼠标结束创建，如图 4-2 所示。

图 4-1　图形面板

2. 设置二维对象参数

二维线条创建完成后，需要转换到"修改"选项，查看二维对象的参数选项，如

图 4-3 所示。

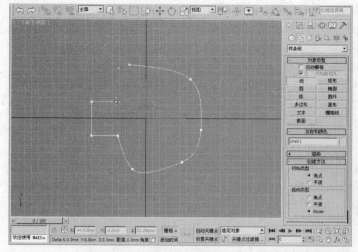
图 4-2　创建线条

图 4-3　渲染和插值

（1）渲染

创建的二维线条对象，在默认状态下，按【Shift】+【Q】组合键进行渲染时二维线条不可见。在效果图制作完成后，需要通过渲染功能，把物体的材质和灯光的效果表现出来。

在渲染中启用：选中该选项后，选中的二维线条在渲染时能看到效果。

在视口中启用：选中该选项后，在视图中可以看到样条线的粗细效果。方便直观地观察二维线条渲染与显示的关系。

显示方式：分为径向和矩形。当为"径向"时，二维线条显示为圆截面，通过"厚度"参数设置线条截面直径；当为"矩形"时，二维线条显示为矩形横截面，通过长度和宽度可以控制矩形横截面的尺寸大小，如图 4-4 所示。

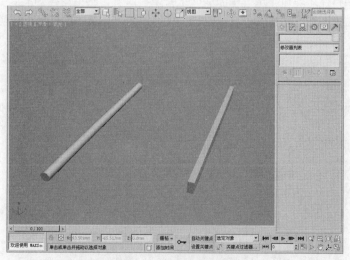
图 4-4　径向和矩形区别

（2）插值

插值其实是一个数学运算，如在 1、3、5、7、9 等数字中间置入一些数，让该序列看起来更加平滑一些，需要插入的数字肯定就是 2、4、6、8。通过插值运算，实现线条的平滑效果。在 3ds

Max 中，通过插值操作可以将二维线条拐角部分处理得更加平滑。

步数：设置线条拐角区域的"分段"数。该值越大，效果越平滑。

自适应：选中该复选框后，线条的拐角处会自动进行平滑。通常选中该选项，如图 4-5 所示。

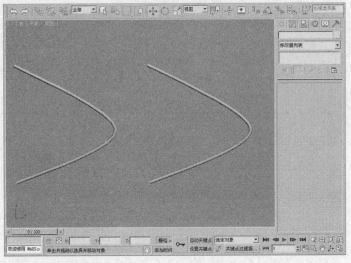

图 4-5　更改插值的区别

4.2　编辑样条线

编辑样条线命令可将二维的线条分别进行点、段和线条 3 种方式的子编辑，对应的快捷键依次为【1】、【2】、【3】，子编辑完成后需要退出子编辑，依次按对应的快捷键即可。编辑样条线命令是"线"的默认编辑命令，若选择对象为线条时，直接按数字键【1】、【2】、【3】，则直接进入相关的子编辑。编辑样条线命令是二维图形的重要编辑命令，基本步骤如下。

选择创建的二维图形，在视图中右击鼠标，从弹出的屏幕菜单中选择【转换为】/【转换为可编辑样条线】命令，如图 4-6 所示。

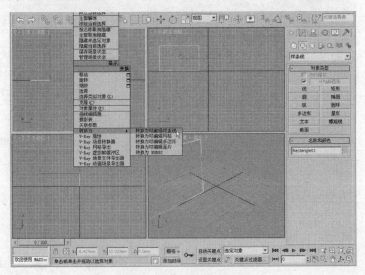

图 4-6　转换为编辑样条线

4.2.1　点编辑

创建线条时单击的点或二维图形边缘的控制点，对它们的编辑都称之为点编辑。

1. 点的类型

创建线条时，单击鼠标左键为角点，单击并拖动鼠标生成平滑点。这是线条默认的创建方式，除此之外，还可以进行手动更改。

选择创建的线条，按主键盘数字键【1】，切换到点的子编辑。在视图中选择点，用鼠标右键单击，在弹出的屏幕菜单中选择或更改点类型，如图 4-7 所示。

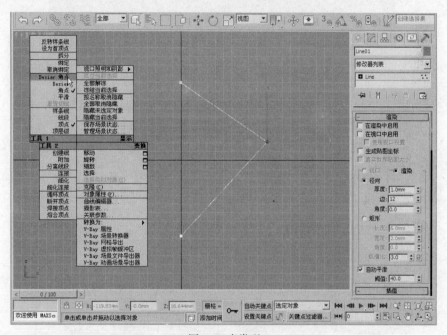

图 4-7　点类型

Bezier 角点：当点的类型为该种类型时，具有两个控制手柄，可以单击调节，影响线条的曲线形状。

Bezier 点：当点的类型为该种类型时，具有两个对称的控制手柄，调节一边手柄，影响整个线条的曲线效果。

角点：当点的类型为该种类型时，线条没有曲线状态，是通过指定点的两直线线条。

平滑点：当点的类型为该种类型时，线条自由平滑。不能控制线条的平滑程度。

2. 点的删除和添加

删除：在创建点的过程中，对于多余的点，可以直接按键盘中的【Del】键。

添加：在点编辑方式下，单击　优化　按钮，在线条处出现提示时单击鼠标实现添加点的操作，添加后点的类型与邻边上的两个点有关，如图 4-9 所示。

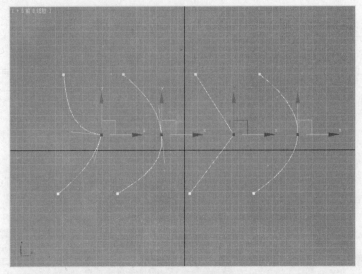

图 4-8　4 种类型特点

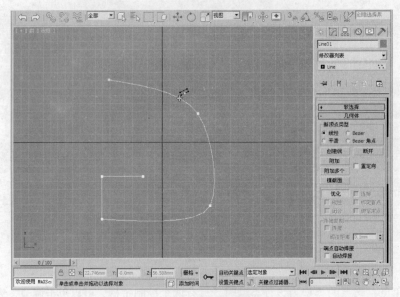

图 4-9　优化添加点

3. 点的焊接

在进行样条线编辑时，点的"焊接"使用较广。可以将在同一条线上的两个点进行"焊接"；若要焊接的两个点不在同一条线上时，可以先将点各自所在的线条进行"附加"操作，再进行点焊接。

下面通过制作心形图案，学习点焊接。

在命令面板的"创建"选项中，单击 按钮，从中选择 线 工具，按【Alt】+【W】组合键，将前视图最大化显示，绘制心形一半形状，调节点类型得到最后图形效果，如图 4-10 所示。

按主键盘数字键【1】，退出点的子编辑，单击主工具栏中的 按钮，进行"镜像"复制操作，如图 4-11 所示。

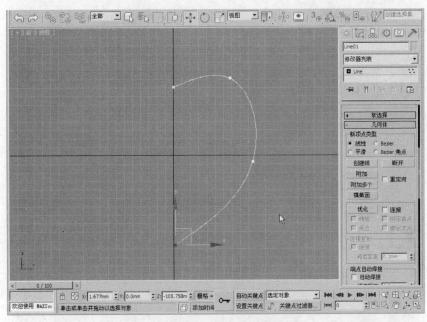

图 4-10　绘制一半心形

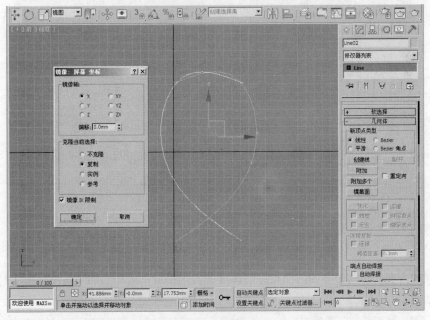

图 4-11　镜像复制

调节图形位置，按主键盘数字键【1】，进入点的子编辑，单击 ┃附加┃ 按钮，在视图中，鼠标置于另外线条上并出现提示时，单击鼠标，完成"附加"操作，如图 4-12 所示。

右击鼠标，退出"附加"操作。在页面中，单击鼠标并拖动框选需要焊接的两个点，在参数"焊接"后的文本框中输入大于两点间距离的值，两个点之间的距离可以以网格进行参考，默认两个网格线之间的距离为 10 个单位。单击 ┃焊接┃ 按钮，如图 4-13 所示。

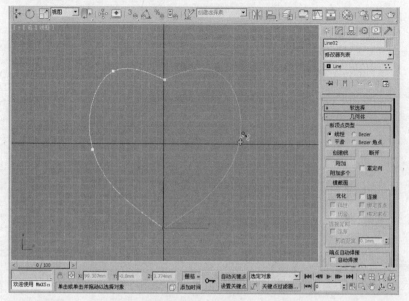

图 4-12　单击附加

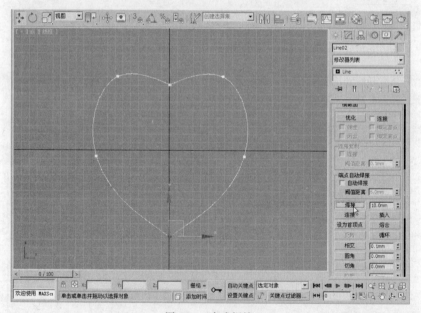

图 4-13　完成焊接

用同样的方法，再将上方的两个点进行焊接。若焊接成功后，添加"挤出"命令时，生成三维模型，如图 4-14 所示。

 在 3ds Max 软件中进行操作时，所有的按钮式命令，如附加、连接、圆角等，在鼠标操作完成后，右击可以直接退出该按钮命令。只有两个按钮命令除外，一个是层次选项中"仅影响轴"命令，另一个是"编辑多边形"编辑方式中的"切片平面"命令。

4. 点的连接

在进行点编辑时，若两个点之间的距离较小，可以直接使用点的"焊接"来实现。若两个点的距离相对较远，仍然可以使用"焊接"功能来实现，但是容易引起线条严重变形。此时，可通过点的"连接"功能，在两个端点之间补足线条，实现端点之间的连接。

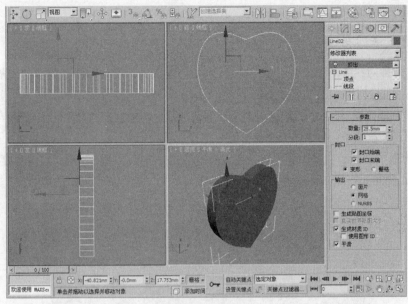

图 4-14　心形图案

点的"连接"在使用时与"焊接"类似，若两个端点在同一条线时，可以直接进行"连接"操作；若两个点不在同一条线时，需要先进行"附加"操作，再进行点的"连接"操作。

5. 圆角、切角

在点的方式下，对选定的点进行圆角或切角操作，方便实现线条形状的编辑，如图 4-15 所示。在进行点的圆角或切角操作之前，最好将点的类型改为"角点"。

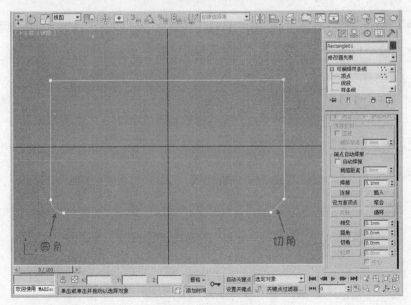

图 4-15　圆角、切角

4.2.2 段编辑

在编辑样条线操作中，两个点之间的线条称之为段。

1. 创建定长度线条

3ds Max 软件对线条的编辑并不是很擅长，当要创建水平长度为 100 个单位的线条时，用"线"工具创建则只能通过参数 ✛ ‎ 键盘输入 ‎ 来实现，创建方式不够灵活。在实际操作中，可以直接创建"矩形"，将一边的长度设置为所需要的尺寸，然后在"段"的编辑下，删除另外的 3 个边，得到定长度线条。创建方法如下。

在命令面板中选择 ‎ 矩形 ‎ 按钮，在页面中单击并拖动，生成矩形，设置长度或宽度为所需要尺寸，如 120mm，如图 4-16 所示。

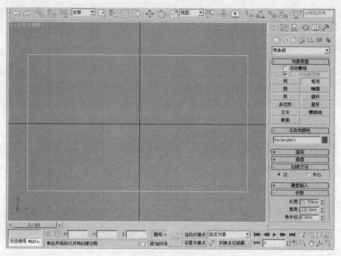

图 4-16　创建矩形

选择矩形，右击鼠标，在弹出的界面中选择【转换为】/【转换为可编辑样条线】，按主键盘数字键【2】，进入段的编辑，选择另外 3 个边，如图 4-17 所示。

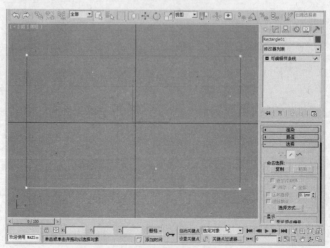

图 4-17　选择另外 3 个边

按键盘上的【Del】键将其删除，即得到所需要的水平方向 120mm 的线条，如图 4-18 所示。若需要垂直方向线条，则将矩形的宽度设置为所需尺寸，删除另外 3 个边即可。

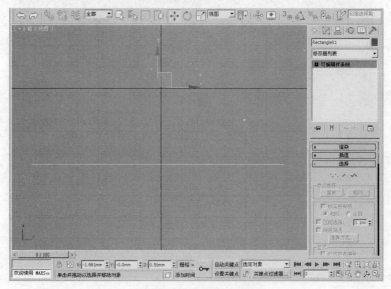

图 4-18　生成定长度线条

2. 拆分

将选择的段根据设置的点的个数，进行等分添加点操作，如图 4-19 所示。

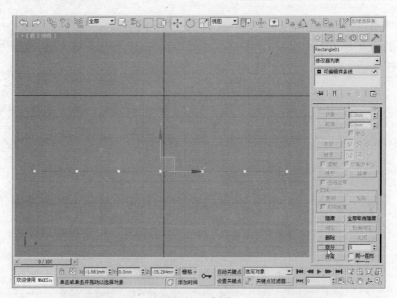

图 4-19　拆分

3. 分离

将选择的段分离出来，生成新的物体。根据后面的复选框，设置分离之后的选项，包括"同一图形"、"重定向"和"复制"，如图 4-20 所示。

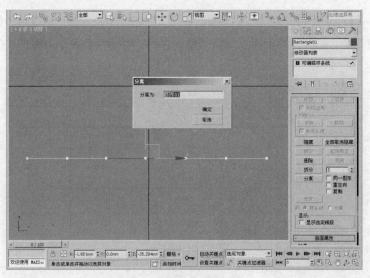

图 4-20　分离

4.2.3　样条线编辑

在进行"编辑样条线"操作时，最常用的操作为"点编辑"和"样条线编辑"。样条线编辑操作通常用于将 AutoCAD 文件导入 3ds Max 软件中，以便进一步编辑。

1. 轮廓

对选择的线条进行轮廓化操作。与 AutoCAD 软件中的"偏移"类似。将单一线条生成闭合的曲线；闭合的曲线进行轮廓化操作，如图 4-21 所示。在进行轮廓化操作时，数值的正负表示不同方向，选中 中心 选项时，以选择的样条线为准，向两侧扩展。

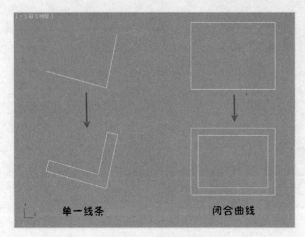

图 4-21　轮廓效果

2. 布尔运算

将具有公共部分的两个对象，进行"并集"、"减集"和"交集"运算。结果如图 4-22 所示。

在执行运算之前，先将线条进行"附加"操作。

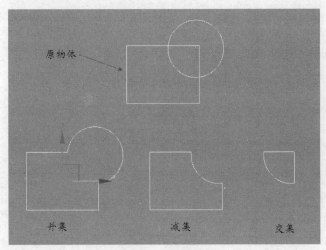

图 4-22 布尔运算

3. 修剪

将线条相交处多余的部分剪掉，修剪完成后，需要进行点的"焊接"操作。修剪是样条线编辑中使用频率较高的命令。使用方法如下。

选择其中一个线条，右击鼠标，转换到"可编辑样条线"操作中，按主键盘数字键【3】，单击 修剪 按钮，鼠标置于线条上，出现提示时，单击进行修剪，如图 4-23 所示。

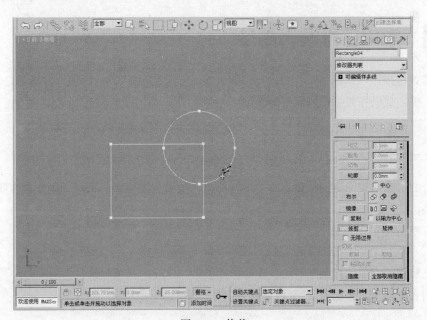

图 4-23 修剪

修剪完成后，按主键盘数字键【1】，切换到点的编辑方式，按【Ctrl】+【A】组合键，选择所有的点，单击 焊接 按钮，进行默认数值的点焊接操作，如图 4-24 所示。

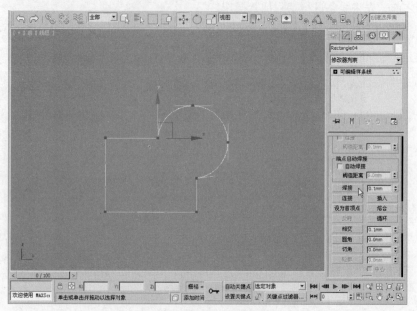

图 4-24　修剪后进行点焊接

> 在进行布尔或修剪操作之前，两个对象需要有公共部分；执行完修剪操作后，需要进行点的焊接操作。若两个对象属于包含关系，执行完"附加"操作后，默认为"减集"操作。其他情况的运算都可以使用修剪来实现。

小知识

4.3　常用二维编辑命令

编辑样条线操作可以创建符合建模要求的线条。将这些线条添加"挤出"、"车削"和"倒角"等命令后，将生成制作效果图所需要的模型。

4.3.1　挤出

将闭合的二维曲线沿截面的垂直方向进行挤出，生成三维模型。适用于制作具有明显横截面的三维模型。

1．基本步骤

选择已经编辑完成的样条线对象，在命令面板的"修改"选项中，单击 修改器列表 按钮，从弹出的列表中选择"挤出命令"，设置参数，如图 4-25 所示。

2．参数说明

数量：用于控制挤出方向的厚度。
分段：用于设置在挤出方向上的分段数。

　　封口：用于设置挤出模型的上/下两个截面是否进行封闭处理。"变形"选项用于在制作变形动画时，可以在运动过程中保持挤出的模型面数不变；"栅格"选项将对边界线进行重新排列，从而以最少的点面数来得到最佳的模型效果。

　　输出：用于设置挤出模型的输出类型。通常保持默认"网格"不变。

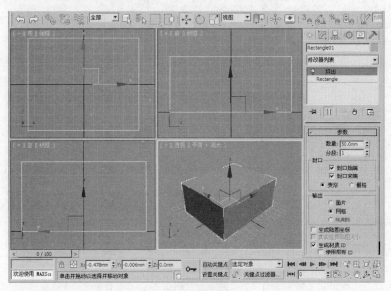

图 4-25　挤出

3. 挤出应用——制作"玻璃茶几"

　　在前视图中创建矩形，长度为 500mm，宽度为 1200mm，如图 4-26 所示。

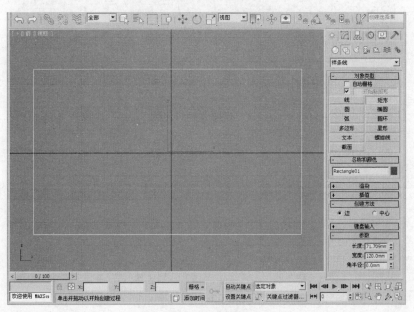

图 4-26　创建矩形

　　选择矩形，右击鼠标，转换为"可编辑样条线"，按主键盘数字键【2】，切换到"线段"的编辑方式，将底边删除，按主键盘数字键【1】，在"顶点"的方式下，对上方两个角点进行"圆角"编辑，如图 4-27 所示。

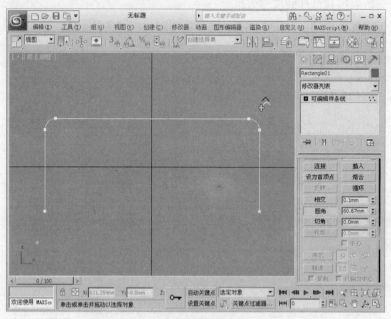

图 4-27　圆角

用鼠标右键单击，退出"圆角"命令，按主键盘数字键【3】，进行样条线编辑，选择线条进行"轮廓"操作，设置参数，如图 4-28 所示。

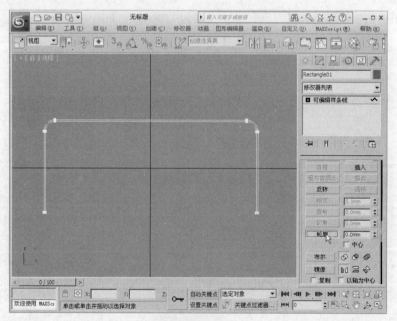

图 4-28　轮廓

右击鼠标，退出"轮廓"命令，按主键盘数字键【3】，退出样条线子编辑。在命令面板的"修改"选项中单击 [修改器列表] 按钮，添加"挤出"命令，数量为 600 mm，如图 4-29 所示。

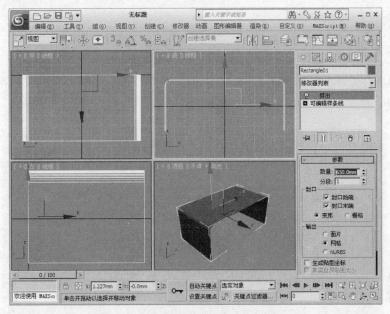

图 4-29　挤出

在顶视图中，参照茶几模型创建长方体，作为玻璃茶几的中间层，调节位置。然后添加材质，设置灯光，渲染出图，可得到逼真的玻璃茶几效果，如图 4-30 所示。

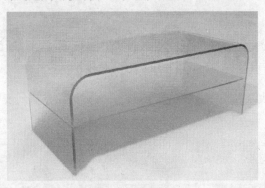

图 4-30　玻璃茶几

　　"挤出"编辑命令适用于底截面绘制完成后，通过控制模型的高度，得出三维模型。一个模型，只要在合适的视图中创建横截面，即可以通过"挤出"命令来实现。

技巧说明

4.3.2　车削

　　将创建的二维曲线沿指定的轴向车削生成三维物体的过程，称之为车削。适用于制作中心对称的造型。

　　"车削"一词来自于机械加工设备——车床。将毛坯的模型置于车床的两顶针中间，顶针固定好后，通过电机的旋转，带动毛坯模型转动，旁边的车刀用于控制模型形状，车刀经过的区域将被削掉。

　　在 3ds Max 软件中，只需要创建中心对称模型剖面的一半的造型，然后添加车削命令，即可生成中心对称造型。

1. 基本步骤

操作视频所在位置：光盘/第 4 章/高脚杯.mp4。

在前视图中创建二维线条，如图 4-31 所示。

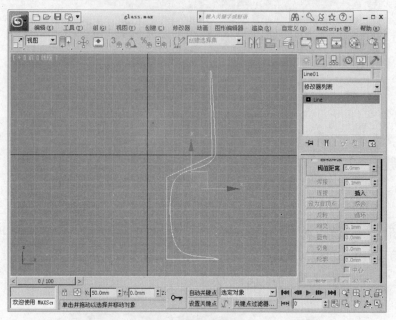

图 4-31　创建二维线条

在命令面板的"修改"选项中，单击 修改器列表 按钮，从列表中选择"车削"命令，设置参数，如图 4-32 所示。

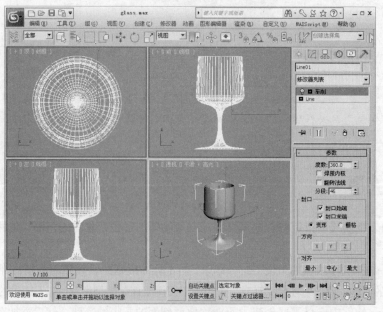

图 4-32　车削

2.　参数说明

度数：用于设置车削旋转的角度数。通常默认为 360 度。

焊接内核：通常选中该参数。可以去除车削后，模型中间的"褶皱"面。

翻转法线：选中该参数后，将查看到法线另外一面的效果。

方向：用于设置车削时旋转的方向。分为 X 轴、Y 轴和 Z 轴。

对齐：用于设置车削时所对应的方向。分为最小、中心、最大 3 个选项。

4.3.3　倒角

将选择的二维图形挤出为三维模型，并在边缘应用平或圆的倒角。通常用于标志和立体文字制作。

1.　基本步骤

首先，在前视图中创建二维文字图形，如图 4-33 所示。

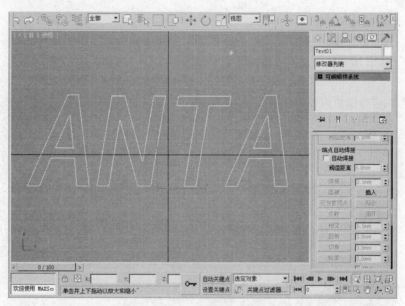

图 4-33　创建文字

在命令面板的"修改"选项中，单击 修改器列表 按钮，从列表中选择"倒角"命令，设置参数，如图 4-34 所示。

2.　参数说明

封口：用于设置倒角对象是否在两端进行封口操作。

曲面：用于控制曲面侧面的曲率、平滑度和贴图等参数。

避免线相交：用于设置二维图形倒角后，线条之间是否相交。通过"分离"数值，控制分离之间所保持的距离。

级别 1、2、3：用于控制倒角效果的层次。"高度"用于控制倒角时挤出的距离，"轮廓"用于控制挤出面的缩放。

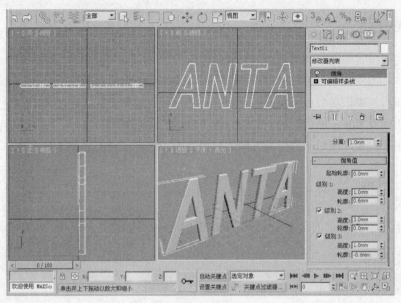

图 4-34 倒角

4.3.4 倒角剖面

二维图形在进行倒角操作时，沿指定的剖面线进行，称之为倒角剖面。

1. 基本步骤

在顶视图中创建二维图形，在前视图中创建剖面轮廓线条，如图 4-35 所示。

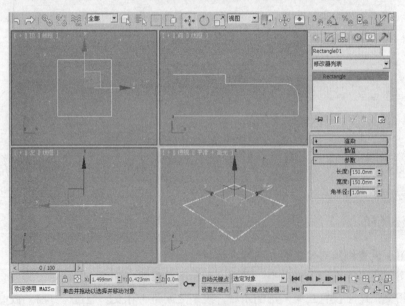

图 4-35 创建图形

在顶视图中选择矩形，在命令面板的"修改"选项中，单击 修改器列表 按钮，从中选择"倒角剖面"命令，单击 拾取剖面 按钮，在前视图中，单击选择剖面线条。生成三维模型，如图 4-36 所示。

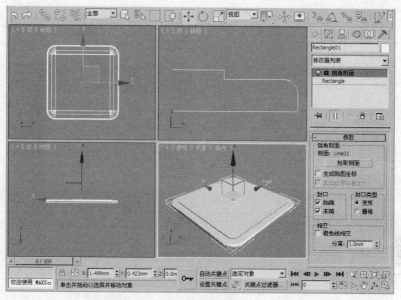

图 4-36 倒角剖面

2. 参数说明

倒角剖面命令中的参数与倒角命令中的参数类似，在此不再赘述。在实际使用时，需要注意截图和剖面的选择顺序不能颠倒。

4.4 综合实例

4.4.1 推拉窗

在进行效果图制作时，通常先在 AutoCAD 软件中绘制建筑物模型的平面图，进而根据客户需要，将 CAD 绘制的文件导入到 3ds Max 软件中，做进一步的编辑操作。

1. CAD 软件绘制

在 AutoCAD 软件中，根据需要绘制图形，如图 4-37 所示。关于 CAD 软件的操作可参阅相关教程。

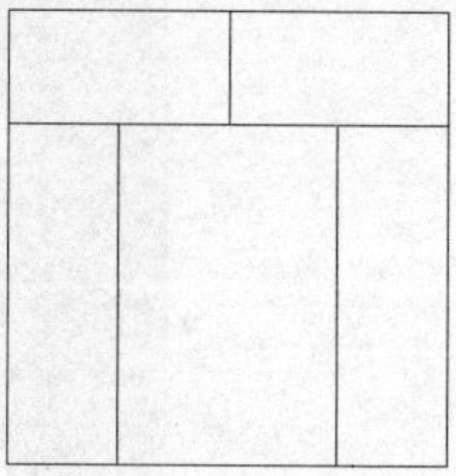

在 CAD 软件中将文件存储为 "*.dwg" 格式。

原图所在位置：光盘/4-37.dwg。

图 4-37 CAD 图形

2. 3ds Max 软件操作

首先，执行【自定义】/【单位设置】命令，将系统单位和显示单位都设置成 "毫米"。

单击菜单栏左上角的 按钮，选择 导入 命令，选择 导入 选项，在弹出的界面中，选择 "*.dwg" 格式，如图 4-38 所示。

单击 打开(O) 按钮，弹出导入选项界面，选中"焊接"选项，其他保持默认，如图 4-39 所示。

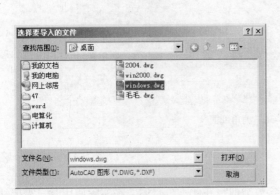

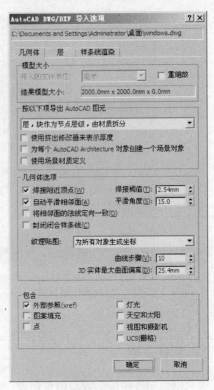

图 4-38　文件类型　　　　　　　　　　　图 4-39　导入选项

从 CAD 软件导入到 3ds Max 软件中的图形，默认操作视图为顶视图。导入到 3ds Max 软件中后，可以直接进行编辑样条线操作。

按主键盘数字键【3】，进入到"样条线"编辑，选择外边框线条，单击"轮廓"按钮，在后面文本框中输入 50 并按【Enter】键，如图 4-40 所示。

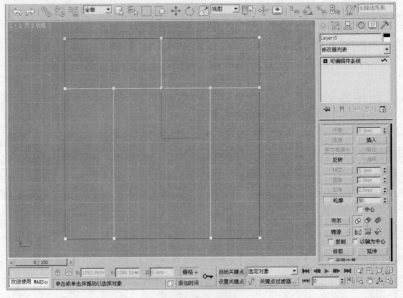

图 4-40　轮廓

选中中间线条，选中 ▢ 中心 选项，在轮廓后文本框中输入 50 并按【Enter】键。得到推拉窗口线条，如图 4-41 所示。

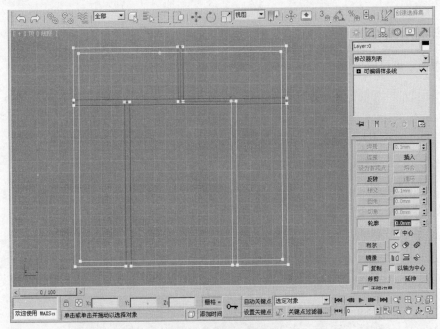

图 4-41　轮廓中间线条

右击鼠标，退出"轮廓"编辑命令，按主键盘数字键【3】，退出样条线子编辑。在"修改器列表"中，添加"挤出"命令，生成三维模型。在左视图中，将其旋转。至此，简洁推拉窗效果完成，如图 4-42 所示。

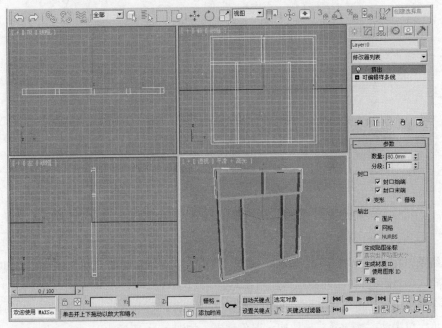

图 4-42　推拉窗

4.4.2 吊扇

1. 创建吊扇叶片

在顶视图中创建两个矩形，调节位置，如图 4-43 所示。

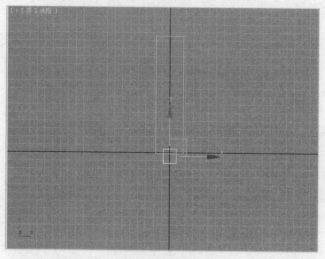

图 4-43　创建矩形

右击鼠标，转换到"可编辑样条线"，进行线条编辑。得到吊扇叶片形状，如图 4-44 所示。

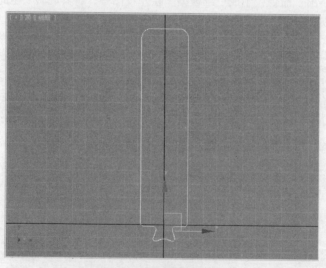

图 4-44　绘制完成

选择线条，在"修改"选项中添加"挤出"命令，生成三维模型。在"修改"选项中，添加"扭曲"命令。对物体进行扭曲操作，如图 4-45 所示。

在命令面板中，切换到"层次"选项，单击 仅影响轴 按钮，在顶视图中移动轴心位置，完成后，再次单击 仅影响轴 按钮，退出编辑，如图 4-46 所示。

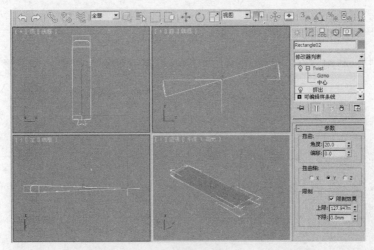

图 4-45 扭曲

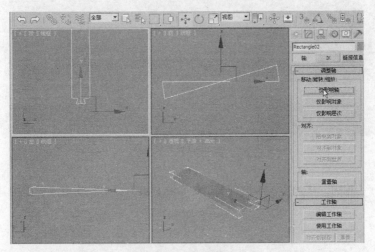

图 4-46 更改轴心

执行【工具】/【阵列】命令，对选择的对象进行旋转阵列复制。得到 3 个吊扇叶片造型，如图 4-47 所示。

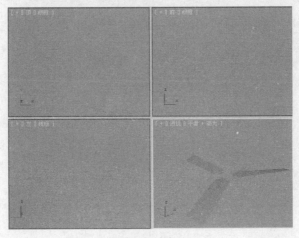

图 4-47 阵列

2. 创建中间造型

在前视图中，利用"线"命令，绘制中间电机模型的剖面线条，调节形状，如图 4-48 所示。

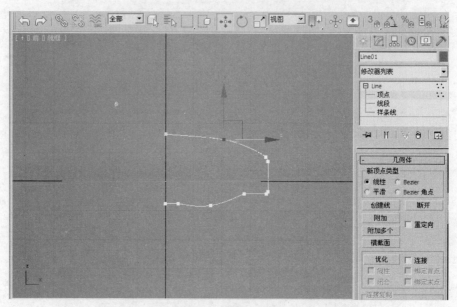

图 4-48　调节点的形状

将线条进行"轮廓"化操作，添加"车削"命令，调节参数，生成中间电机造型，如图 4-49 所示。

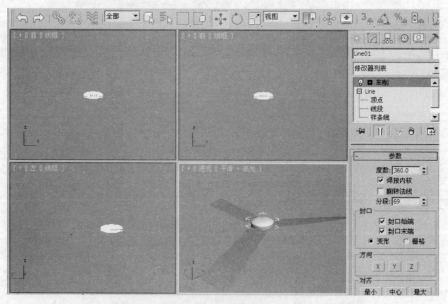

图 4-49　车削造型

在前视图中，参照中间电机造型绘制线条。制作吊扇塑料扣板，如图 4-50 所示。

将线条执行"轮廓"操作后，添加"车削"命令，生成扣板造型，如图 4-51 所示。

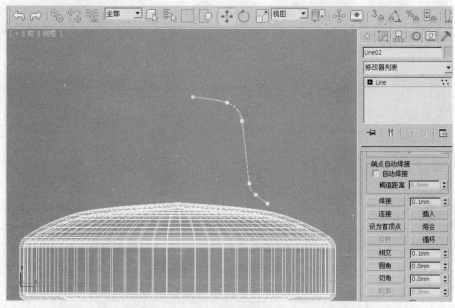

图 4-50　参照绘制

图 4-51　扣板

在命令面板的"修改"选项中，将"车削"前的"+"展开，选择"轴"，在前视图中，移动轴心位置，生成扣板中间的洞口，如图 4-52 所示。

通过"对齐"工具，调节吊扇叶片、中间电机和扣板的位置，在顶视图中创建圆柱，作为中间连接杆。再将扣板模型进行镜像复制。生成吊扇模型，如图 4-53 所示。

图 4-52　更改轴

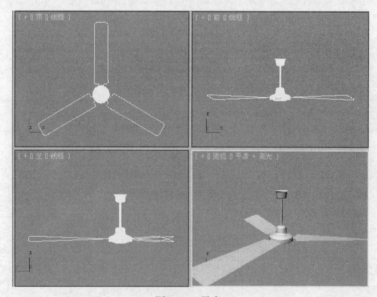

图 4-53　吊扇

4.4.3　办公桌

1. 创建桌面

操作视频所在位置：光盘/第 4 章/办公桌.mp4。

在顶视图中创建矩形，长度为 800 mm，宽度为 1800 mm，角半径为 5 mm，如图 4-54

所示。

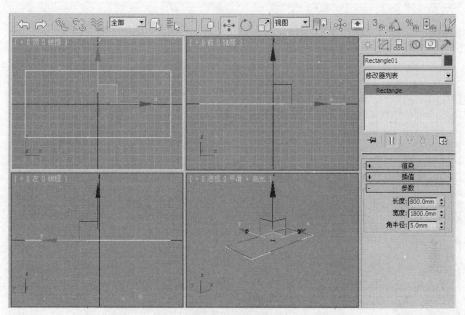

图 4-54　创建矩形

在前视图中创建矩形，长度为 50mm，宽度为 100mm，按【Alt】+【W】组合键，将前视图最大化显示，右击鼠标，转换为可编辑样条线，对线条进行编辑，如图 4-55 所示。

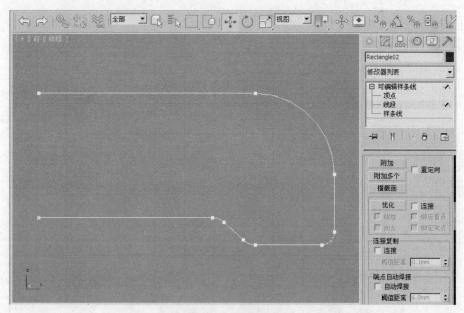

图 4-55　创建剖面线

选择顶视图中的矩形，在命令面板的"修改"选项中，单击 修改器列表 ▼ 按钮，从中选择"倒角剖面"命令，单击 拾取剖面 按钮，在前视图中，单击选择剖面线条，得到办公桌桌面模型，如图 4-56 所示。

2. 生成桌腿

在顶视图中，利用"线"工具创建二维线条，进行"轮廓"操作，如图 4-57 所示。

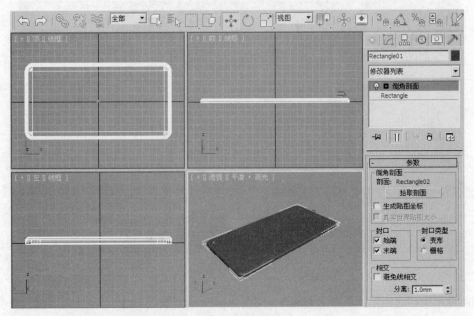

图 4-56　桌面

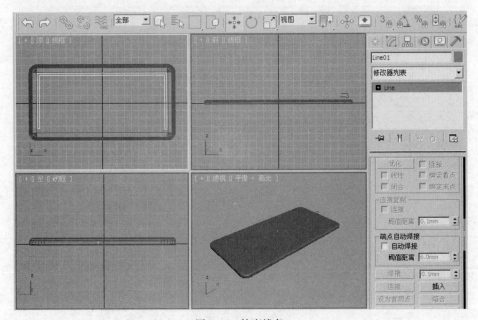

图 4-57　轮廓线条

选择"轮廓"编辑后的线条，在"修改"选项中单击 修改器列表 按钮，从下拉列表中选择"倒角"命令，设置参数，如图 4-58 所示。

调节办公桌桌面和桌腿的位置，得到办公桌最后的造型，如图 4-59 所示。

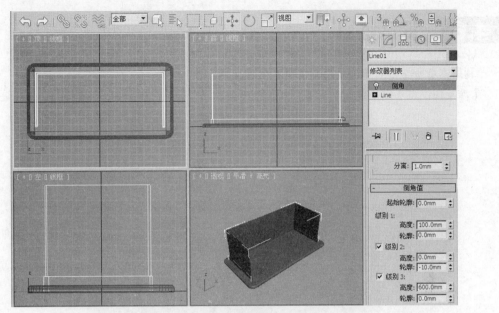

图 4-58　倒角参数

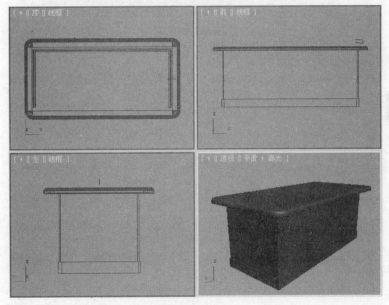

图 4-59　办公桌

4.5　本章小结

　　本章对二维线条编辑进行了详细介绍，学习了常用的二维编辑命令。读者通过本章的学习可以制作中心对称的模型、参考横截面模型等。通过本章的实例的练习，可以掌握二维编辑命令的特点，为以后制作效果图中的模型打下坚实的基础。

4.6 课后练习

利用本章所学习的知识，制作"喇叭花"，如图 4-60 所示。

【涉及知识点】倒角剖面。

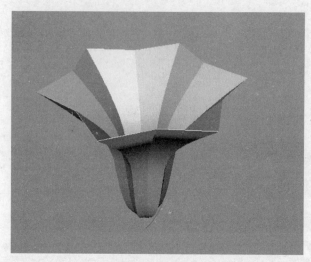

图 4-60　喇叭花

【制作视频位置】光盘/第 4 章/喇叭花.mp4

第5章

复合对象

在 3ds Max 命令面板中，创建模型时除了可采用标准基本体和扩展基本体之外，还有复合对象的方式。通过复合对象的方式，可以方便地生成所需要的模型。常用的复合对象方式有布尔运算、图形合并和放样等操作。

本章要点

➢ 布尔运算

➢ 图形合并

➢ 放样

5.1 布尔运算

布尔运算是通过对两个几何模型进行并集运算、交集运算、差集运算或切割运算来创建复合模型的方法。进行布尔运算的两个几何体需要有公共部分。

1. 基本步骤

在顶视图中创建圆柱体和球体，根据需要调节位置，如图 5-1 所示。

选择视图中的圆柱体，在命令面板的"新建"选项中，单击"标准基本体"后面的 ▼ 按钮，从中选择"复合对象"，单击 布尔 按钮，在"参数"中的"操作"选项中，设置运算方式，单击 拾取操作对象B 按钮，在视图中单击另外对象，如图 5-2 所示。

2. 参数说明

在进行布尔运算时，通过参数可以设置运算方式和结果，如图 5-3 所示。

参考、复制、移动和实例：用于将"操作对象 B"转换为布尔对象的方式。使用"参考"时，可以对原始对象所做的更改与"操作对象 B"同步。

并集：将两个对象进行并集运算，移除两个几何体的相交部分或重叠部分。

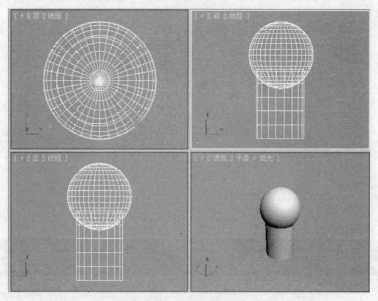

图 5-1　创建几何体

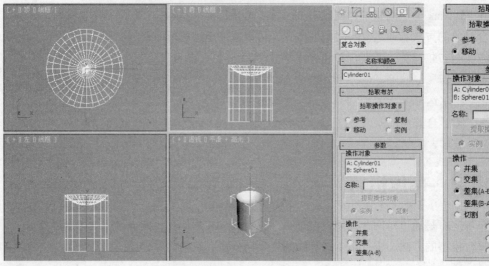

图 5-2　布尔运算

图 5-3　布尔参数

　　交集：将两个对象进行交集运算，运算后将保留两个几何体的相交部分或重叠部分，与"并集"操作相反。

　　差集（A－B）：从"操作对象 A"中减去相交的"操作对象 B"的体积。

　　差集（B－A）：从"操作对象 B"中减去相交的"操作对象 A"的体积。

　　切割：使用"操作对象 B"切割"操作对象 A"。默认方式为"优化"，即在"操作对象 A"的 A、B 物体相交处添加新的顶点和边。

5.2　图形合并

　　在 3ds Max 软件中，图形合并的功能是将二维图形和三维物体进行合并运算。二维图形的正面投影需要在三维物体的表面上，如图 5-4 所示。

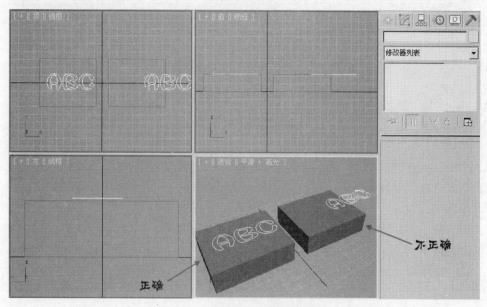

图 5-4　二维图形与三维物体的关系

1. 基本步骤

首先，在视图中创建三维物体和二维图形对象，调节图形和物体的位置，如图 5-5 所示。

图 5-5　创建图形和物体

　　选择三维物体，在命令面板的"新建"选项中，单击"标准基本体"后面的 ▼ 按钮，从中选择"复合对象"，单击 图形合并 按钮，单击参数中 拾取图形 按钮，在视图中单击要进行运算的二维线条，在参数中设置运算方式，如图 5-6 所示。

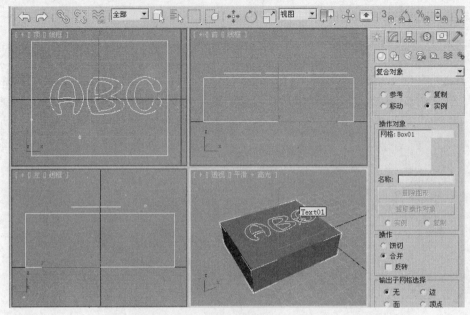

图 5-6　拾取图形

2．参数说明

参考、复制、移动和实例：用于指定操作图形的运算的方式。与"布尔运算"类似。

3．图形合并应用——"易拉罐"

操作视频所在位置：光盘/第 5 章/易拉罐.mp4。

根据所学习的内容，创建易拉罐模型，效果如图 5-7 所示。

图 5-7　易拉罐

（1）创建易拉罐模型

在前视图中，利用"线"工具绘制易拉罐剖面一半的线条形状。若手动绘制很难控制形状，可以按【Alt】+【B】组合键，弹出"视口背景"对话框，如图 5-8 所示。

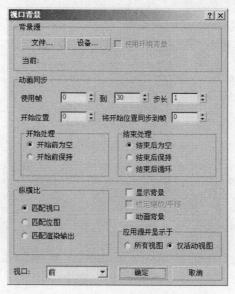

图 5-8 视口背景

单击 文件... 按钮，在弹出的界面中选择要导入的视图背景图形，单击"打开"按钮，设置导入图形的参数。选中"匹配位图"和"锁定缩放/平移"两个选项，如图 5-9 所示。

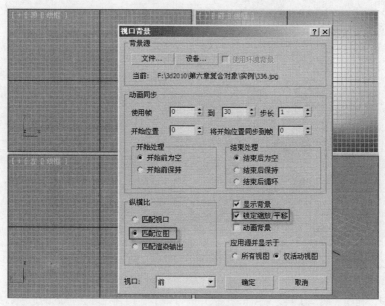

图 5-9 选中参数

在前视图中，按【G】键隐藏视图网格，利用"线"工具绘制易拉罐模型一半的形状。将其进行"轮廓"命令操作，如图 5-10 所示。

在命令面板的"修改"选项中，单击 修改器列表 按钮，从下拉列表中选择"车削"命令，设置参数，如图 5-11 所示。

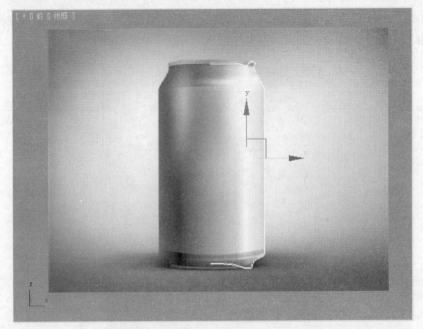

图 5-10　绘制线条

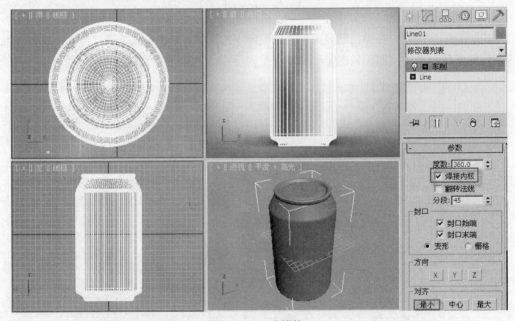

图 5-11　生成罐体

（2）绘制拉环形状

在顶视图中，利用"线"工具绘制罐口形状并进行调节，得到拉环去掉后的造型，如图 5-12 所示。

（3）图形合并

调节二维图形与易拉罐的位置，保证图形的正面投影在三维物体的表面。选择易拉罐模型，在命令面板的"创建"选项中，单击"标准基本体"后面的▼按钮，从下拉列表中选择"复合对象"，单击 图形合并 按钮，单击参数中的 拾取图形 按钮，在视图中单击运算的图形，设置参数，得到易拉罐模型，如图 5-13 所示。

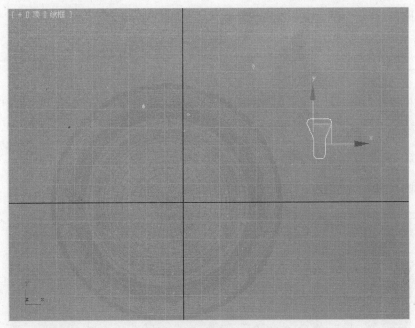

图 5-12　绘制拉环形状

图 5-13　饼切

5.3　放样

　　放样造型起源于古希腊的造船技术。造船时以龙骨为船体中心路径，在路径的不同位置处放入木板，作为截面对象，从而产生船体。这个过程就叫放样。3ds max 中的"放样"是将二维的截面沿某一路径进行连续的排列，生成三维物体。

5.3.1　放样操作

通过放样操作，可以制作很多闭合的曲面造型。特别是在室内外装饰设计中常用，如绘制门窗套、石膏线等造型。

1. 基本操作

在不同的视图中分别创建放样所需要的截面和路径，如图 5-14 所示。

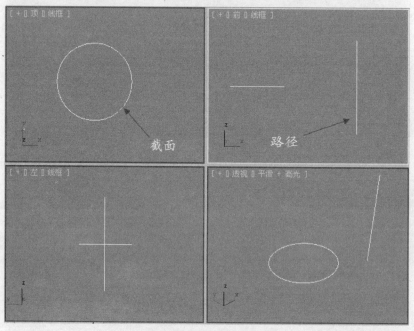

图 5-14　创建截面和路径

在前视图中，选择放样路径，在命令面板的"创建"选项中，单击"标准基本体"后面的 ▼ 按钮，从中选择"复合对象"，单击 放样 按钮，在创建方法中，单击参数中的 获取图形 按钮，在顶视图中，单击拾取放样的截面，如图 5-15 所示。

2. 参数说明

创建方法：设置创建方法是获取路径还是获取图形。在进行放样时，若选择的对象作为截面，则在创建方法中单击选择"获取路径"按钮。若选择的对象作为路径，则在创建方法中单击选择"获取图形"按钮。

路径参数：用于控制路径不同位置处对截面的拾取操作。可以用于进行多个截面的放样操作。

蒙皮参数：设置生成三维模型的表面参数。

封口：设置生成模型后，上、下两个端口是否封口。

图形、路径步数：设置放样生成的模型的圆滑度，可以分别从图形步数和路径步数来单独设置。

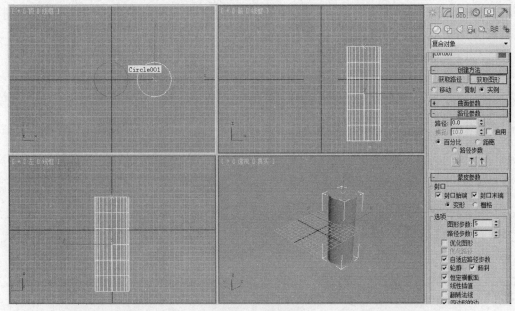

图 5-15　放样物体

5.3.2　放样分析

1．什么样的模型适合通过放样来制作

对于复合对象中的放样操作来讲，需要截面即图形和路径进行复合建模。哪一类模型适合用放样来做呢？

首先，适合通过放样制作的模型是由截面和路径构成的，即一个模型能否使用放样来生成，需要看该模型在观看时能否看出截面和路径的形状，如上图讲解放样步骤时所生成的圆柱体：从顶部可以看出圆的截面，从前视图或左视图中，可以看出垂直的线路径。模型能发现截面和路径是可以进行放样的前提条件。实际上，如果需要圆柱体时，没有必要通过放样来实现，这里仅以制作圆柱体作为案例，主要是介绍放样的过程。

其次，截面和路径需要在不同的视图中进行绘制。因为三维的模型从不同的视图中进行查看，会有不同的观看结果。在合适的视图中绘制截面和路径，是可以进行放样操作的关键条件。

2．放样中图形的方向选择

在进行放样操作时，对于通过闭合路径放样的图形，在观察视图中应该选择哪个方向呢？下面以室内装饰中的"石膏线"造型为例进行讲解，如图 5-16 所示。

石膏线模型在制作时，在顶视图中创建路径，因为是个闭合的造型，所以放样中的图形可以在前视图或左视图中创建。但是，在创建图形时有两个方向。选择左侧还是右侧呢？如图 5-17 所示。

事实证明，选择左侧的截面进行放样时，生成的为室内装饰的石膏线造型。选择右侧的截面进行放样时，生成类似于室外建筑中外檐口的模型。

3．放样操作时，先选择截面和先选择路径的区别

在进行放样操作时，截面和路径的选择前后，对于生成的模型没有任何影响，只是生成后的

三维模型位置不同。若在进行放样前，路径的位置已经调节完成，先选择路径，再拾取截面进行放样操作比较方便。

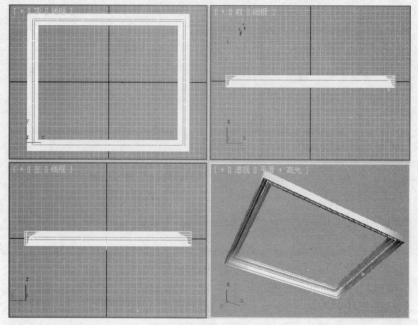

图 5-16　石膏线

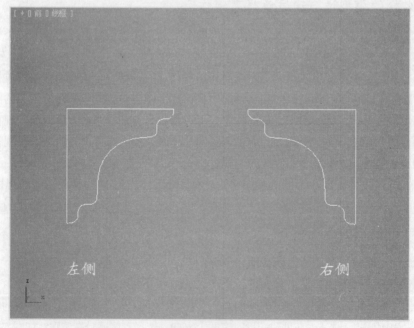

图 5-17　截面方向

5.3.3　放样中截面对齐

截面和路径进行放样操作后，默认截面和路径的对齐方式很难满足实际的模型需求，通常需要手动进行调节基本操作如下。

选择放样生成的模型,在命令面板切换到"修改"选项,将"Loft"前的"+"展开,单击选择"图形",则下面的参数会发生变化。鼠标在模型路径上移动,出现变形提示时,单击选择图形,如图 5-18 所示。

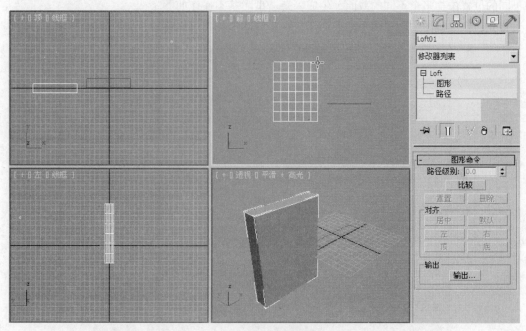

图 5-18　选择截面

在"图形命令"参数中设置对齐方式,得到合适的对齐方式,如图 5-19 所示。

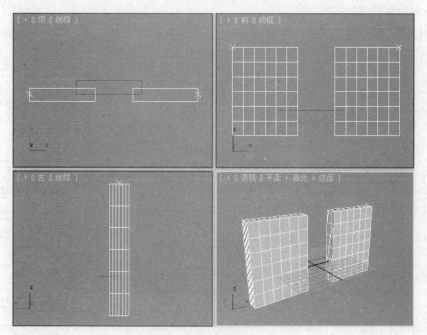

图 5-19　左对齐和右对齐

5.3.4 多个截面放样

在使用截面和路径进行放样操作时，除了常规的单截面放样之外，还可以在同一个路径上，在不同的位置添加多个不同的截面，生成复杂造型。基本操作如下。

首先，在顶视图中创建两个截面图形，在前视图中创建放样路径，如图 5-20 所示。

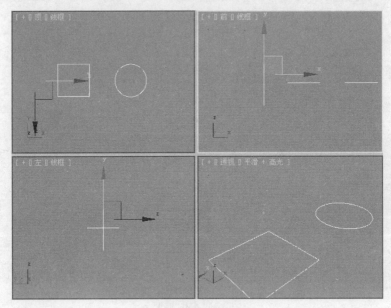

图 5-20　创建截面和路径

其次，选择前视图中的路径，执行"放样"操作，单击"获取图形"按钮，在顶视图单击选择矩形，生成三维模型，如图 5-21 所示。

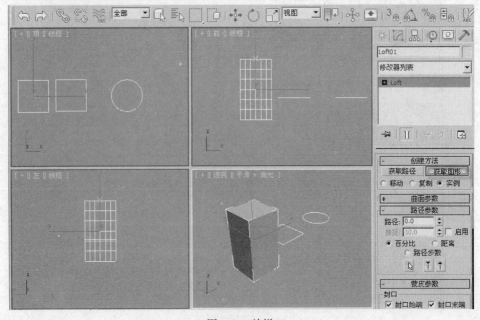

图 5-21　放样

在参数"路径参数"选项中，在"路径"后面的文本框中输入百分比数值并按【Enter】键确认，再次单击"获取图形"按钮，在顶视图中，单击选择圆形对象，如图 5-22 所示。

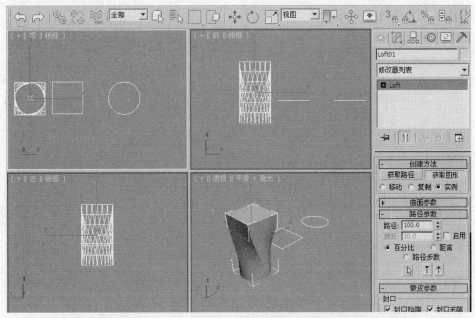

图 5-22　获取图形

多个截面在同一个路径上放样生成的三维模型有明显扭曲的迹象。需要通过"比较"进行扭曲的校正。

最后，选择放样生成的模型，在命令面板中，将"Loft"前的"+"展开，选择"图形"，单击参数中的　比较　按钮，弹出"比较"对话框。单击对话框左上角的　按钮，在路径上移动鼠标，如图 5-23 所示。

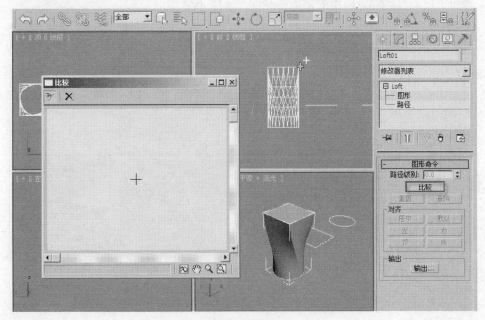

图 5-23　比较

在路径上移动鼠标，出现"+"提示时，单击左键。利用主工具栏中的◯按钮，在前视图中选择截面，进行旋转，直到截面的接点与中心对齐标记处于同一条线，同时，观察透视图中模型的扭曲情况，如图 5-24 所示。单击修改列表中的"Loft"，退出"比较"操作。

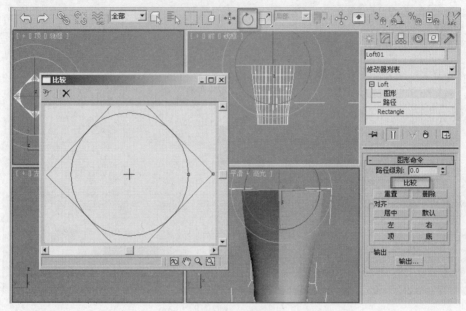

图 5-24　旋转校正

5.3.5　放样应用

制作罗马柱实例，掌握通过多个截面的放样操作。操作视频所在位置：光盘/第 5 章/罗马柱.mp4。

在顶视图中创建矩形，长度和宽度均为 70mm，创建星形，半径 1 为 35mm，半径 2 为 31mm，点 30，圆角半径 1 为 2mm，圆角半径 2 为 1mm，如图 5-25 所示。

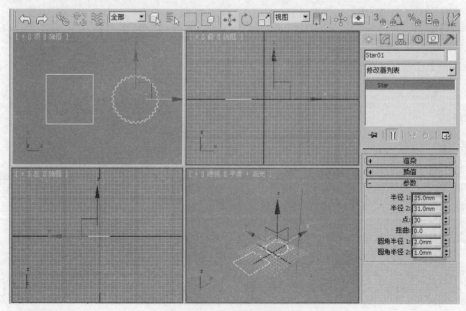

图 5-25　创建矩形和星形

在前视图中创建长为 300mm 的直线。可以通过矩形，转换到可编辑样条线中，在"段"的方式下，将另外的三个段删除。选择直线，在命令面板的"创建"选项，从下拉列表中选择"复合对象"，单击"放样"按钮，单击"获取图形"按钮，在顶视图中，单击选择矩形，生成柱形，如图 5-26 所示。

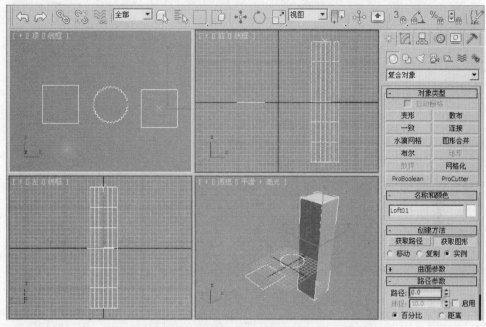

图 5-26　放样

在"路径参数"的"路径"后的文本框中输入 10 并按【Enter】键，单击 获取图形 按钮，在顶视图中单击选择矩形，如图 5-27 所示。

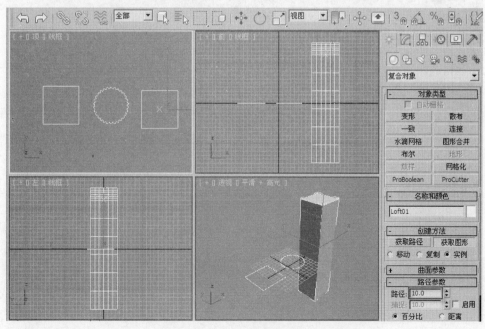

图 5-27　拾取图形

在"路径参数"的"路径"后的文本框中输入 12 并按【Enter】键，单击 获取图形 按钮，在顶视图中单击选择星形对象，如图 5-28 所示。

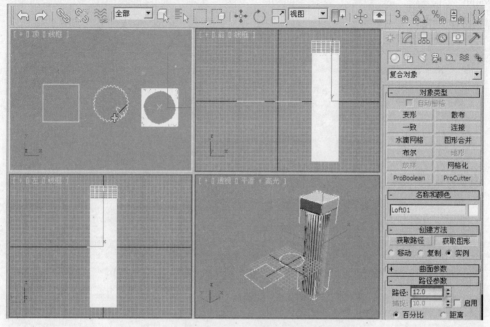

图 5-28　获取图形

同样的方法，分别在路径的 88 位置获取星形，在 90 的位置获取矩形，得到罗马柱造型，如图 5-29 所示。

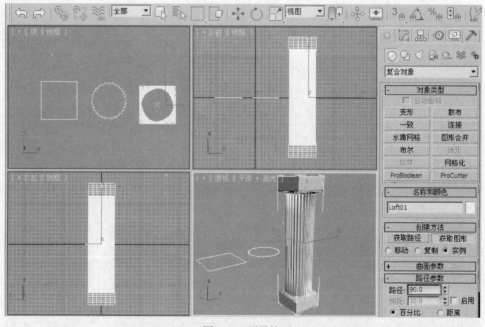

图 5-29　罗马柱

生成的罗马柱造型在顶部和底部造型中，有明显模型扭曲现象，使用"比较"操作对扭曲进行校正，得到最后造型。操作与前面的多个截面放样类似，请参照"5.3.4 多个截面放样"，如图 5-30 所示。

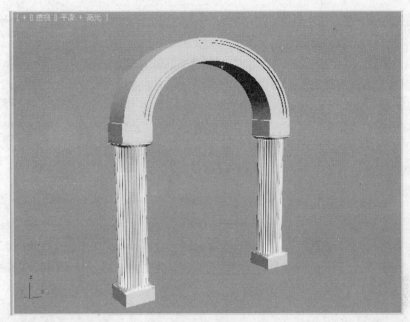

图 5-30　罗马柱

5.4　综合实例

5.4.1　石膏线

操作视频所在位置：光盘/第 5 章/石膏线.mp4。

在顶视图中创建长方体，长、宽、高依次为 6000mm、4800mm 和 2900mm。在命令面板的"修改"选项的"修改器"列表中，添加"法线"命令，如图 5-31 所示。

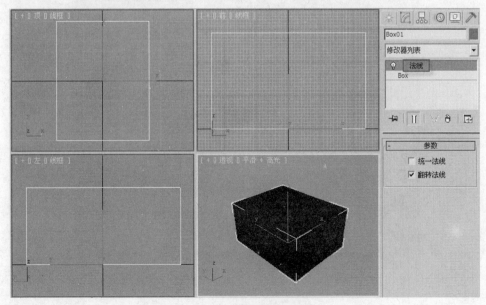

图 5-31　法线命令后的长方体

此时，在透视图中模型显示黑色。3ds Max 软件版本从 9.0 版本以后，法线翻转后需要手动设置"背面消隐"属性。在命令面板中，切换到 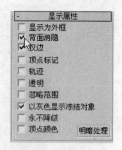 选项，在"显示属性"参数中选中"背面消隐"复选框，如图 5-32 所示。

图 5-32　显示属性

在顶视图中，通过对象捕捉中的"端点"选项，沿长方体端点创建矩形，并调节位置。在前视图中创建石膏线的截面图形，如图 5-33 所示。

选择顶视图中的"路径"对象，在命令面板的"创建"选项中，选择"复合对象"中的"放样"命令，单击"获取图形"按钮，在前视图中单击选择截面，生成石膏线造型，如图 5-34 所示。

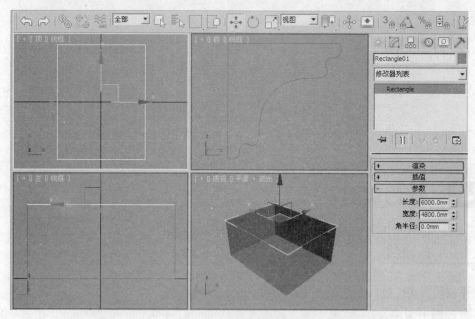

图 5-33　创建截面和路径

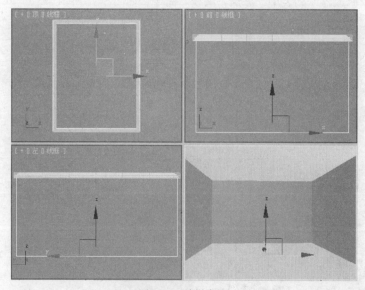

图 5-34　放样完成

选择放样生成的模型，在命令面板中，切换到"修改"选项，将"Loft"前的"+"展开，单击选择"图形",在路径上移动鼠标,出现鼠标变形提示时,单击左键选择截面。在参数中设置截面的对齐方式,得到正确的石膏线造型,如图 5-35 所示。

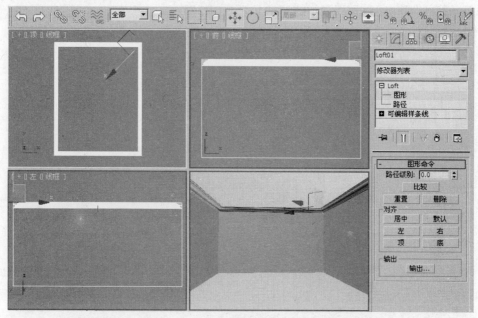

图 5-35 石膏线

5.4.2 羽毛球拍

利用多个截面在路径上的放样,实现羽毛球拍造型。

在顶视图中创建圆形,半径为 70mm,转换到"可编辑样条线"命令,调节其形状作为路径。在前视图中创建矩形,长度为 12mm,宽度为 10mm,圆角半径为 2mm。转换到"可编辑样条线",调节其形状,如图 5-36 所示。

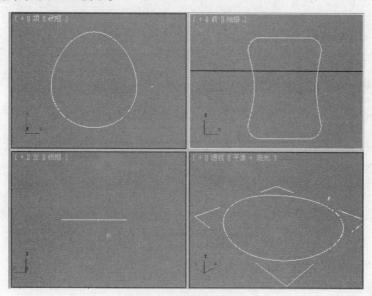

图 5-36 创建图形和路径

选择顶视图中的圆作为放样路径，在命令面板的"创建"选项中，从列表中选择"复合对象"，单击"放样"按钮，单击"获取图形"按钮，在前视图中选择图形对象，生成羽毛球拍框架模型。在"蒙皮参数"选项中，更改路径步数为 30，如图 5-37 所示。

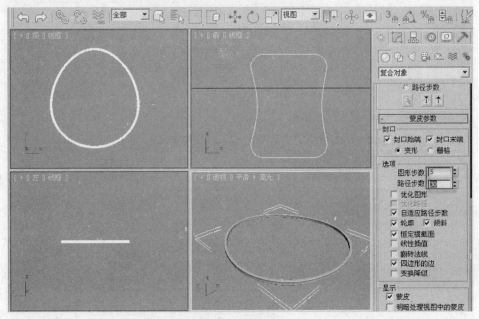

图 5-37　球拍框架

在顶视图中，参照球拍框架尺寸，创建"平面"对象，更改长度和宽度分段数，如图 5-38 所示。

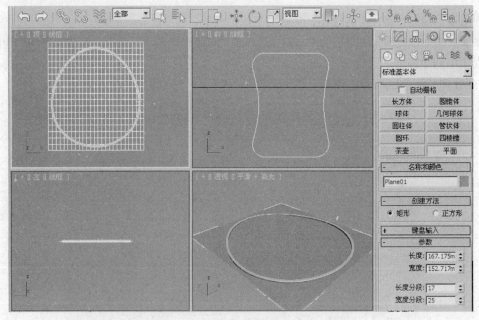

图 5-38　创建平面

选择平面物体，在命令面板中，从"标准基本体"下拉列表中选择"复合对象"，单击 图形合并 按钮，单击 拾取图形 按钮，在顶视图中，单击选择路径线条。操作方式为"饼切"和"反转"，如图 5-39 所示。

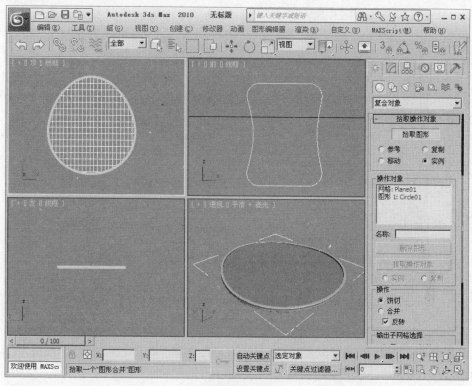

图 5-39　图形合并

在命令面板的"修改"选项中，单击 修改器列表 按钮，从下拉列表中选择"晶格"命令，设置参数，生成球拍网线，如图 5-40 所示。

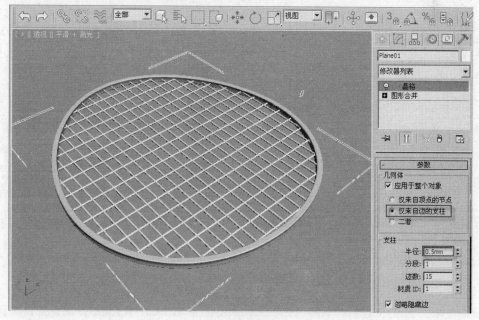

图 5-40　晶格

在顶视图中，创建直线作为球拍杆路径，在前视图中，参照框架图形，创建圆形截面，再依次创建圆形和矩形两个对象，如图 5-41 所示。

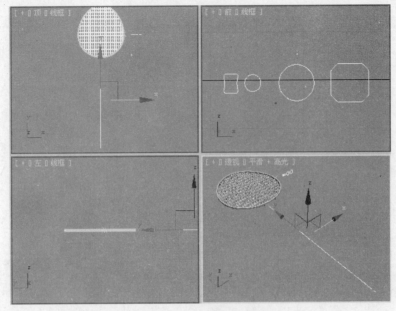

图 5-41　多个截面和路径

　　选择顶视图中的线，执行"复合对象"的"放样"命令，单击"获取图形"按钮，在前视图中，单击选择小圆图形，如图 5-42 所示。

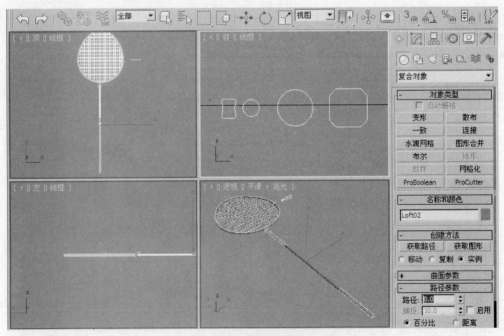

图 5-42　获取图形

　　分别在路径 75 的位置获取小圆，在路径 80 的位置获取大圆，在路径 83 的位置再次获取矩形对象。得到最后球拍杆的效果，如图 5-43 所示。

　　根据前面所讲述内容，对造型的扭曲进行校正。调节球拍杆与球拍框架的位置关系，得到羽毛球拍造型，如图 5-44 所示。

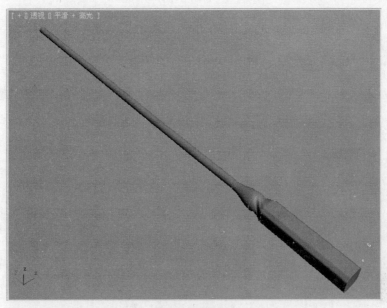

图 5-43　球拍杆

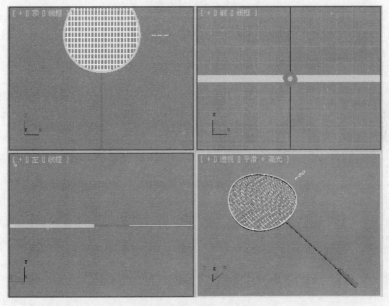

图 5-44　羽毛球拍

只要是不同类型的截面，即矩形和圆形，在同一个路径上进行放样时，模型容易造成扭曲。若为同一个类型的图形，但尺寸不同，如半径不同的两个圆，生成的模型正常。

技巧说明

5.4.3　香蕉

在顶视图中创建正六边形，在前视图中创建直线，放样生成六棱柱造型，如图 5-45 所示。

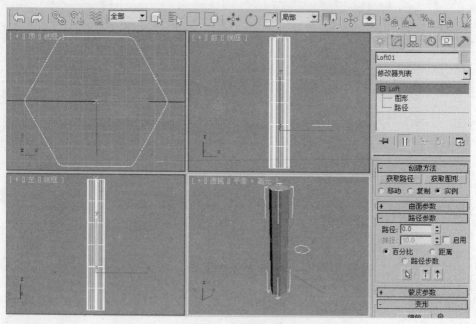

图 5-45　生成六棱柱

选择放样生成的模型，在命令面板的"修改"选项中，在"变形"参数中，单击"缩放"按钮，弹出"缩放变形"对话框，如图 5-46 所示。

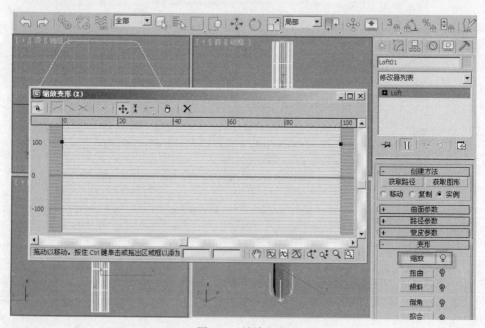

图 5-46　缩放变形

鼠标置于弹出窗口上的相关按钮时，会出现该按钮功能的中文说明，根据实际需要，添加控制点，调节控制线的形状，如图 5-47 所示。

单击弹出界面右上角的 按钮，退出"缩放变形"操作，在命令面板中，添加"弯曲"命令，生成香蕉造型。将其复制并调节位置，如图 5-48 所示。

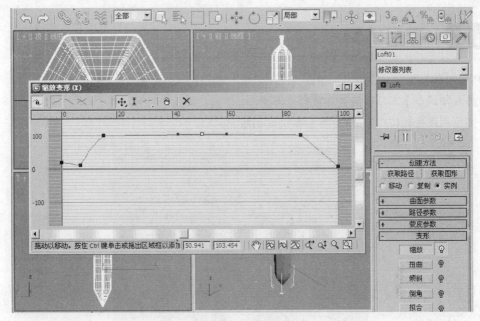

图 5-47　变形曲线

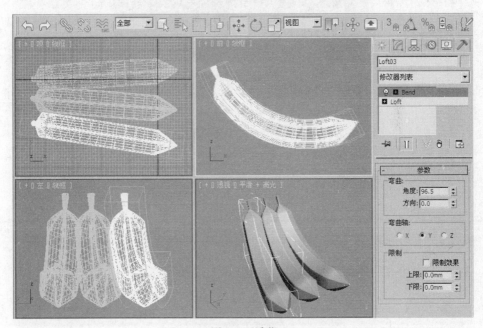

图 5-48　香蕉

5.5　本章小结

本章详细介绍了复合对象的操作，包括图形合并、布尔运算和放样操作。对于放样操作，除本章介绍的内容外还有很大的学习空间，需要广大读者去学习和领悟。建模需要通过综合的对比，找到最合适的方法。

5.6　课后练习

利用本章节所学习的知识，制作"洗面奶瓶"，如图 5-49 所示。

【涉及知识点】车削、放样和放样变形操作。

【案例制作视频位置】光盘/第 5 章/洗面奶瓶.mp4

图 5-49　洗面奶瓶

第6章

高级建模

通常，场景建模的思路是从局部延伸到整体，即先将整体模型拆开，各部分单独建立完成后，再根据位置关系组合成整体模型。而在高级建模时，建模的思路是从整体到局部，即先建立整体模型思路后，再生成局部细节，然后根据段数，再进一步细化调节。

本章要点

➤ 编辑多边形
➤ 实例练习

6.1 编辑多边形

多边形对象是一种网格对象，它在功能上与"可编辑网格"基本一致。不同的是，"可编辑网格"是由三角面构成的框架结构，而"可编辑多边形"是以四边的面为编辑对象。可以理解为"可编辑多边形"是"可编辑网格"的升级版。

可编辑多边形命令是根据三维物体的分段数，进行顶点、边、边界、多边形和元素这5种方式的子编辑，对应的快捷键依次为【1】、【2】、【3】、【4】、【5】。子编辑完成后，再按相应的子编辑数字快捷键，可以退出子编辑。

6.1.1 "选择"参数

1. 转换为可编辑多边形

在场景中创建物体，选择该对象后，右击鼠标，从弹出的屏幕菜单中选择【转换为】/【转换为可编辑多边形】命令，如图 6-1 所示。

在命令面板的"修改"选项中，可以对物体进行编辑。根据需要，进行顶点、边、边界、多边形和元素 5 种方式的子编辑。

2. 参数说明

"选择"选项的常用参数如图 6-2 所示。

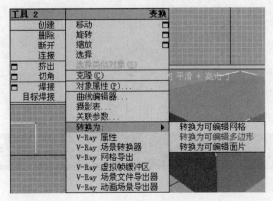

图 6-1　转换为可编辑多边形　　　　　　　图 6-2　"选择"选项

忽略背面：选中该选项后，选择的子对象区域仅为当前方向可以看到的部分。当前视图看不到的区域不进行选择。根据实际情况，在选择区域之前选择该参数。

收缩：在已经建立的选择区域的前提下，减少选择区域。每单击一次该按钮，选区收缩一次。

扩大：在已经建立的选择区域的前提下，增加选择区域。与"收缩"操作相反。

环形：该按钮适用于在边或边界的子编辑下，以选择的边为基准，平行扩展选择区域。

循环：该按钮适用于在边或边界的子编辑下，以选择的边为基准，向两端延伸选择区域，如图 6-3 所示。

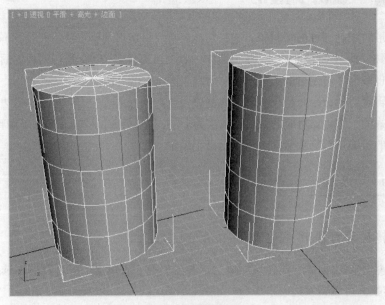

图 6-3　环形和循环

6.1.2 编辑顶点

在三维物体上，顶点对象为分段线与分段线的交点，是编辑几何体中最基础的子编辑。同时，通过点来影响物体的形状，比其他方式更为直观。

1. 参数说明

图 6-4 编辑顶点

具体的顶点参数如图 6-4 所示。

移除：用于删除不影响物体形状的点。若该点为物体的边线端点，则不能进行移除。

挤出：在点的方式下，进行挤出操作。单击口按钮，可以在弹出的界面中设置挤出的高度和挤出基面宽度等参数。

焊接：将已经"附加"的两个对象，通过点进行焊接。与"断开"操作相反。

目标焊接：将在同一条边上的两个点进行自动焊接。若两个点不在同一条边时，不能进行目标焊接。

2. 编辑顶点应用制作"斧头"

操作视频所在位置：光盘/第 6 章/编辑多边形基础及斧头.mp4。

在顶视图中创建长方体，设置相关的尺寸参数和段数，如图 6-5 所示。

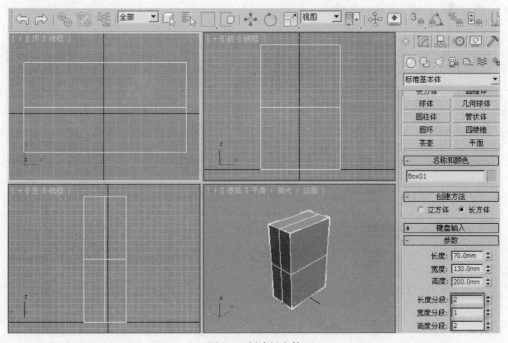

图 6-5 创建长方体

将透视图改为当前操作视图，按【F4】键，切换显示方式。单击鼠标右键，选择【转换为】/

【转换为可编辑多边形】命令。按主键盘数字键【1】，进入到点的子编辑。在前视图中调节点的
形状，如图 6-6 所示。

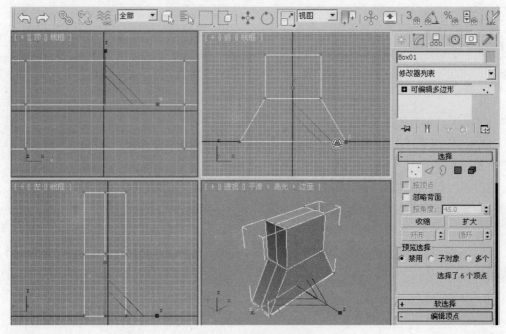

图 6-6 调节点的位置

　　在透视图中，按【Alt】+【W】组合键，将当前视图执行最大化显示操作，单击"目标焊接"
按钮，将点进行焊接，如图 6-7 所示。

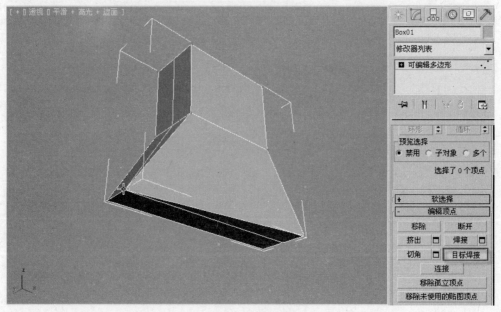

图 6-7 目标焊接

　　用同样的方法，将另外的几个角点进行焊接，生成斧头的最后模型，如图 6-8 所示。

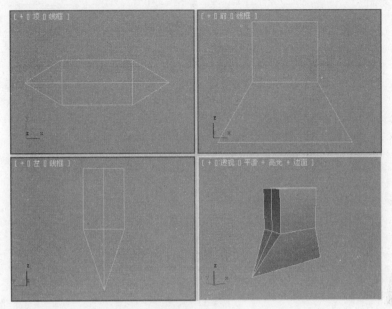

图 6-8　斧头

6.1.3　编辑边

两个顶点之间的段为边，边的子编辑如图 6-9 所示。

1. 常用编辑命令

连接：用于在选择的两个边上等分添加段数线。适用于单面空间的室内建模。

单击 连接 按钮，保持与上一次相同参数的连接。单击"连接"后的 □ 按钮，可以弹出界面，根据需要设置"连接"的具体参数，如图 6-10 所示。

图 6-9　编辑边

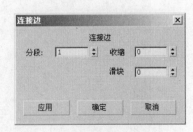

图 6-10　连接边

分段：用于设置连接的段数线。

收缩：用于控制连接后的段数线，向内或向外的收缩。

滑块：设置连接的段线靠近哪一端。默认为等分连接。

利用所选内容创建图形：在边的方式下，将选择的边生成二维样条线。显示效果类似于"晶格"命令。

切角：在选择边的基础上进行切角。通过参数，可以生成圆滑的边角效果，如图 6-11 所示。

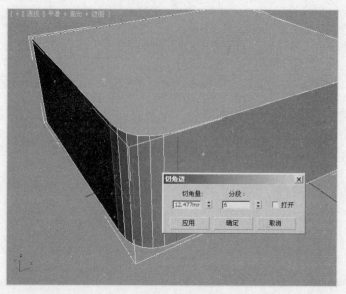

图 6-11 切角

切角量：用于设置切角时的尺寸距离。

分段：用于设置切角后的边线分段数。值越大，切角后的效果越圆滑。

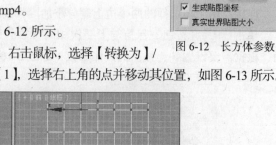

图 6-12 长方体参数

打开：当选中该选项后，切角完成后，将生成的圆角表面删除。方便进行"边界"编辑。

2. 编辑边应用——制作"防盗窗"

操作视频所在位置：光盘/第 6 章/防盗窗.mp4。

在前视图中创建长方体并设置参数，如图 6-12 所示。

将当前操作视图切换为左视图，选择长方体，右击鼠标，选择【转换为】/【转换为可编辑多边形】命令，按主键盘数字键【1】，选择右上角的点并移动其位置，如图 6-13 所示。

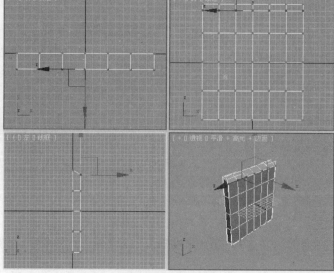

图 6-13 移动点

　　将当前操作视图切换为透视图，按【F4】键，切换显示方式。按主键盘数字键【2】，切换到"边"的编辑方式，选中"忽略背面"选项，在编辑几何体选项中，单击"切割"命令，在透视图中手动连接边线，如图 6-14 所示。

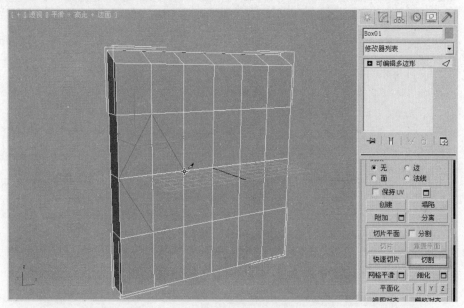

图 6-14　切割

　　按主键盘数字键【4】，切换到多边形方式下，在透视图中旋转观察角度，按【Q】键，选择防盗窗后面的面，按【Del】键，将选择的边线删除，如图 6-15 所示。

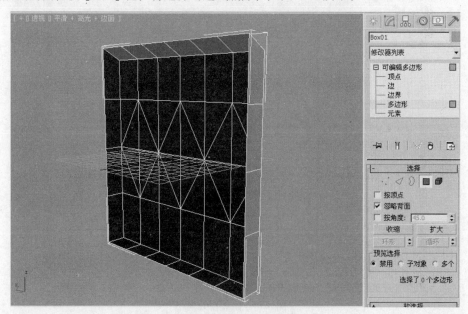

图 6-15　删除后面的多边形

　　按主键盘数字键【2】，切换到"边"的方式，按【Ctrl】+【A】组合键，全部选择边线。单击"利用所选内容创建图形"按钮，生成二维线条，如图 6-16 所示。退出可编辑多边形命令后，选择刚刚生成的二维图形，设置其可渲染的属性。完成防盗窗造型，如图 6-17 所示。

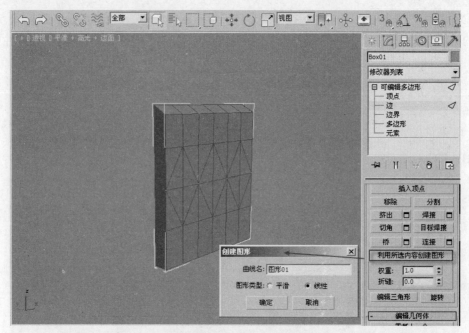

图 6-16　利用所选内容创建图形

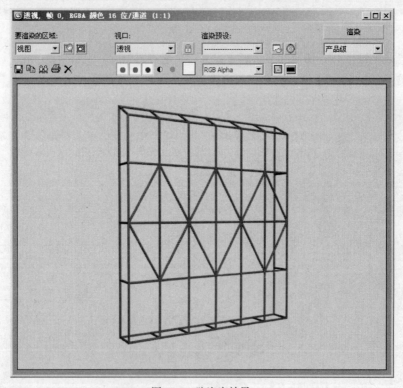

图 6-17　防盗窗效果

6.1.4　编辑边界

边界的编辑方式与边的编辑方式类似，但能够被识别的边界需要连续的边线，生成封口，如

图 6-18 所示。

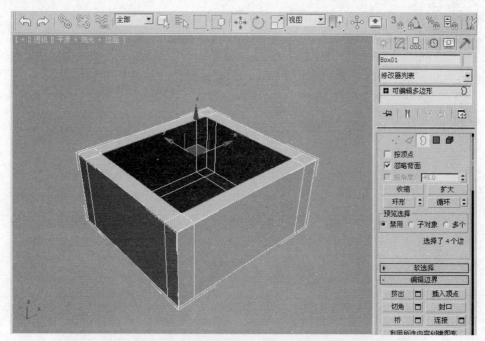

图 6-18　边界

编辑边界时的常用命令是封口。在选择的边界对象上，快速闭合表面多边形，如图 6-19 所示。

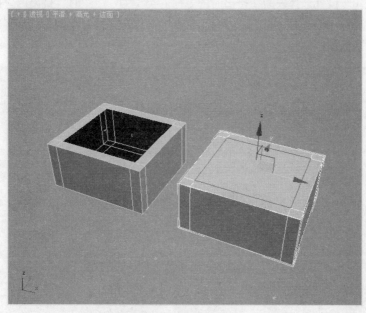

图 6-19　封口前后对照

6.1.5　编辑多边形

编辑多边形命令中，对于多边形的编辑使用频率较高。有很多编辑命令是针对多边形子编辑方式的。常用编辑命令如下。

挤出：对选择的多边形沿表面挤出，生成新的造型。当选择多个且连续的面时，挤出的类型会有所不同。若选择单个面或不连续面时，挤出类型没有区别，如图 6-20 所示。

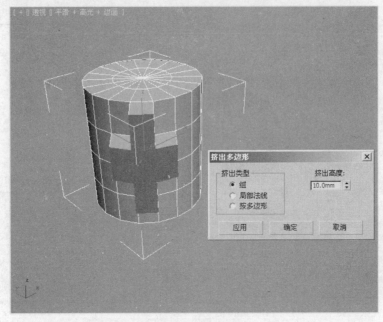

图 6-20　挤出

挤出类型：用于设置选择表面在挤出时的方向。类型为"组"时，挤出的方向与原物体保持一致；类型为"局部法线"时，挤出的方向与选择的面保持一致；类型为"按多边形"时，挤出的方向与各自的表面保持一致，如图 6-21 所示。

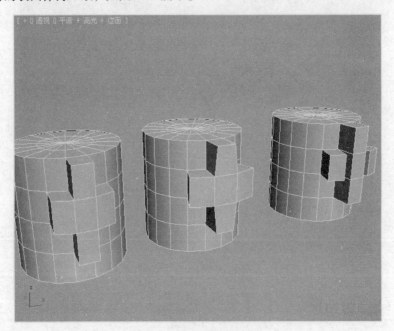

图 6-21　3 种不同类型

倒角：对选择的多边形进行倒角操作。类似于"挤出"和"锥化"两个命令的结合。在"挤出"的同时，通过"轮廓量"控制表面的缩放效果，如图 6-22 所示。

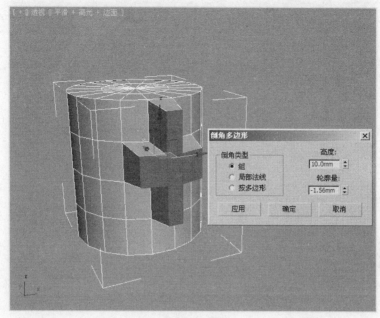

图 6-22　倒角

桥：用于将选择的两个多边形进行桥连接。两个多边形延伸后需要在同一个面上，才可进行桥连接操作，如图 6-23 所示。

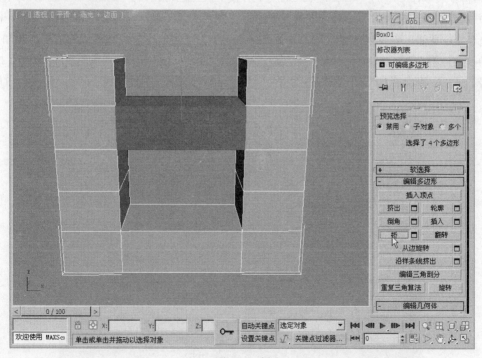

图 6-23　桥

插入：在多边形的方式下，向内缩放并生成新的多边形，如图 6-24 所示。

轮廓：轮廓命令对物体的影响类似于缩放工具。

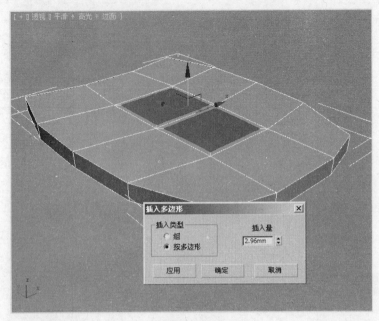

图 6-24　插入

6.1.6　编辑元素

编辑多边形命令中的"元素"方式适用于对整个模型进行编辑。单独的命令应用较少。最常用的方式为该子编辑方式下，对选中的模型进行"翻转法线"显示。与在"修改器列表"中添加"法线"命令类似。更改观察视点后，方便进行室内单面空间建模。翻转法线的基本步骤如下。

在透视图中，选择要编辑的对象，右击鼠标，选择【转换为】/【转换为可编辑多形】命令，按主键盘数字键【5】，再次单击物体，右击鼠标，在弹出的界面中，选择"翻转法线"命令，如图 6-25 所示。

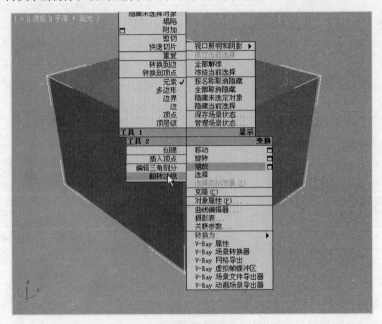

图 6-25　翻转法线

6.2　综合实例

利用前面所学的编辑多边形工具，制作以下实例。通过实例制作来练习工具使用，最终达到工具应用的举一反三。

6.2.1　漏勺

操作视频所在位置：光盘/第 6 章/漏勺.mp4。

1. 创建主体

在顶视图中创建几何球体并设置参数，如图 6-26 所示。

选择几何球体，在前视图中将其沿 Y 轴镜像，实现向下翻转。右击鼠标，选择【转换为】/【转换为可编辑多边形】命令，按主键盘数字键【1】，切换到"顶点"的编辑方式，在前视图框选点对象，单击参数中的"挤出"命令，如图 6-27 所示。

在不同的视图中，将"挤出"操作后产生的多余点删除。在透视图中，按主键盘数字键【4】，切换到"多边形"方式，选中"忽略背面"选项，选择几何球体上面的圆截面，按【Del】键，将其删除，如图 6-28 所示。

图 6-26　几何球体参数

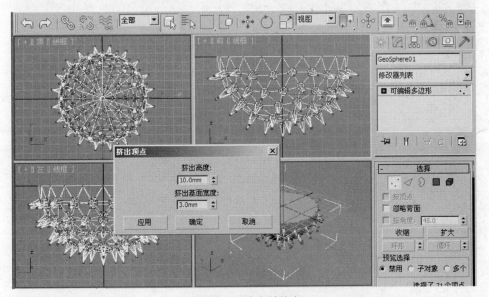

图 6-27　选中点并挤出

2. 生成手柄

按主键盘数字键【2】，切换到"边"的方式，在顶视图中，按住【Ctrl】键的同时，选择右侧两条边。鼠标置于前视图，右击鼠标，切换前视图为当前视图，按住【Shift】键的同时，移动边线。复制生成漏勺手柄，如图 6-29 所示。

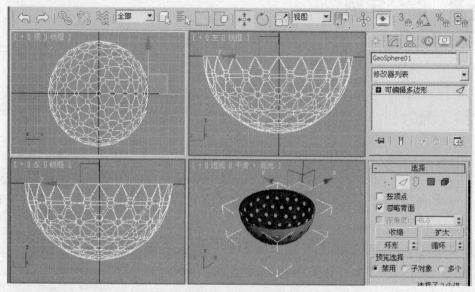

图 6-28　删除圆截面

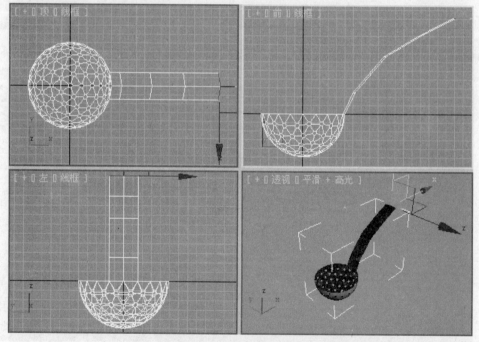

图 6-29　生成勺柄

3. 增加厚度

退出当前可编辑多边形操作，在命令面板中，单击"修改器列表"，从下拉列表中选择"壳"命令，按默认参数对当前模型执行"壳"命令操作。生成具有厚度的漏勺，如图 6-30 所示。

4. 光滑表面

在命令面板的"修改"选项中，再次单击"修改器列表"，从中选择"涡轮平滑"或"网格平滑"命令，设置迭代次数为2。对当前模型进行自动平滑处理操作。得到漏勺最后模型，如图6-31所示。

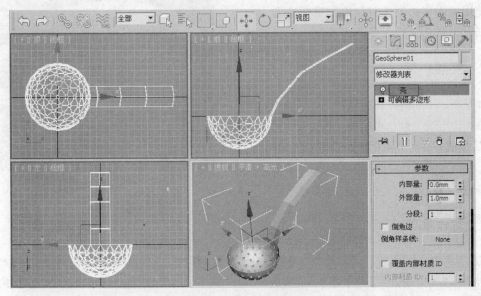

图 6-30　壳命令后的效果

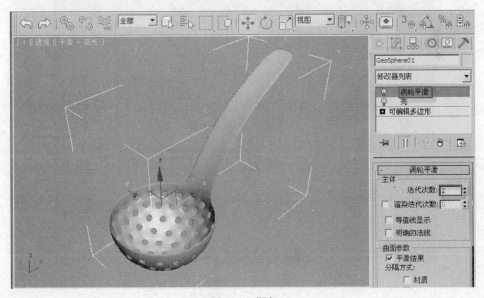

图 6-31　漏勺

> 　　　　通过制作漏勺模型，可以掌握编辑多边形命令中的点、边的操作，也会引导读者建模思维的转变。从一个半球，将其某一边挤出生成手柄，最后执行平滑操作命令，生成漏勺，可谓是建模思路上的转变。依次类推，不带洞的汤勺也很容易实现，形状有点椭圆的调羹也能实现。带两个把手的汤锅也能实现。读者可以在此思路上进一步延伸。

技巧说明

6.2.2 咖啡杯

操作视频所在位置：光盘/第 6 章/咖啡杯.mp4。

使用编辑多边形工具制作咖啡杯造型，如图 6-32 所示。

1. 模型分析

咖啡杯，中间杯体在制作时，可以使用二维线条，添加"车削"命令来实现。旁边的手柄若采用"放样"生成，在与杯体相接处很难实现圆滑过渡。因此，该模型需要在"车削"完成后，对模型执行编辑多边形操作。

图 6-32　咖啡杯

2. 制作步骤

在前视图中，利用"线"工具绘制咖啡杯模型横截面一半的线条，选择线条，右击鼠标，选择【转换为】/【转换为可编辑样条线】命令，在样条线编辑方式下，对线条作进一步编辑，如图 6-33 所示。

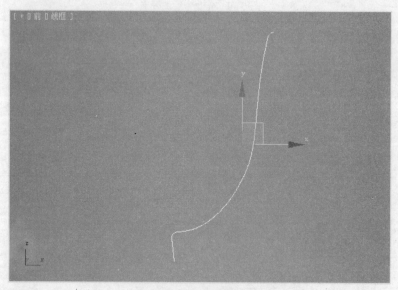

图 6-33　绘制线条

在编辑样条线中，按主键盘数字键【3】，切换到样条线编辑。通过"轮廓"命令，将线条生成闭合的曲线。退出样条线编辑后，在命令面板的"修改"选项中，添加"车削"命令，设置参数。生成杯子主体，如图 6-34 所示。

此时，生成的模型并不像咖啡杯的主体造型。选择物体，在命令面板的"修改"选项中，将"车削"命令前的"+"展开，选择"轴"，利用选择并移动工具，在视图中移动变换轴心。生成杯子主体造型，如图 6-35 所示。

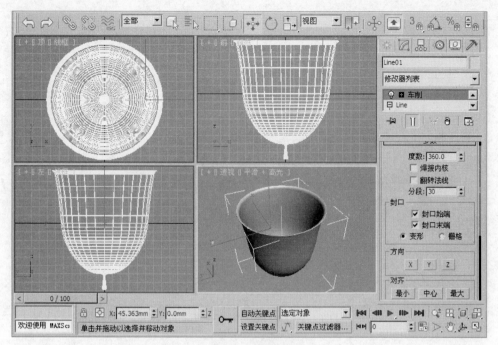

图 6-34 车削参数

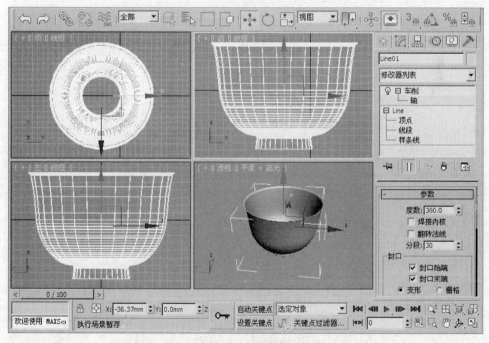

图 6-35 移动轴

　　退出"车削"命令。选择物体，右击鼠标，选择【转换为】/【转换为可编辑多边形】命令，在透视图中将模型放大，显示底部多边形，按主键盘数字键【2】，选中"忽略背面"选项，单击其中一水平边线，再单击"循环"按钮，选择一圈边线，如图 6-36 所示。按住【Ctrl】键的同时，单击选择"多边形"方式，选中边线所在的面，如图 6-37 所示。

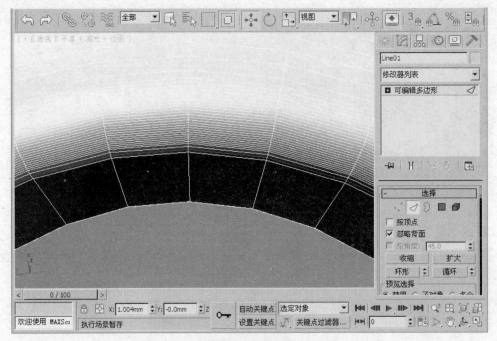

图 6-36　选择边线

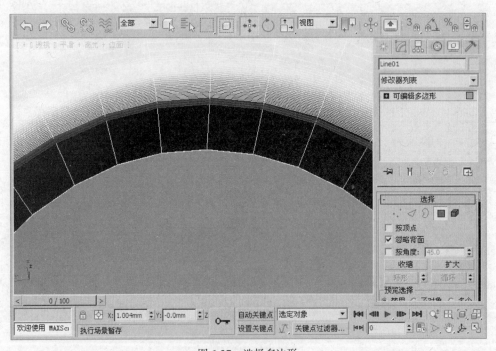

图 6-37　选择多边形

　　按【Del】键，将选中的多边形删除。按主键盘数字键【3】，切换到边界方式，单击选择上面边界，单击"封口"按钮。实现底部上端封闭，如图 6-38 所示。使用同样的方法，在透视图中将模型翻转，将底部边界执行"封口"操作。

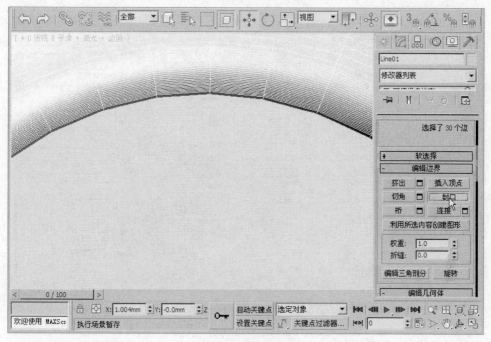

图 6-38　将上端封口

在左视图中，利用线条工具绘制并编辑完成手柄造型，如图 6-39 所示。

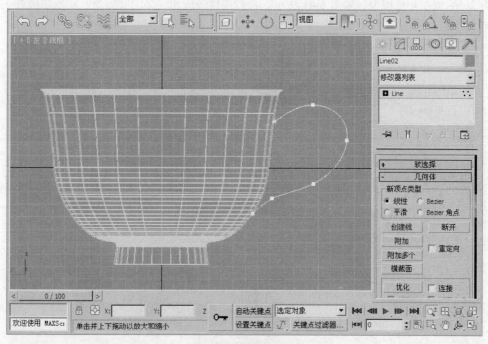

图 6-39　绘制样条线

再次选择杯子主体，按主键盘数字键【4】，在前视图中选择手柄位置的面，单击 沿样条线挤出 后面的 按钮，在弹出的界面中设置段数并拾取样条线，实现手柄造型，如图 6-40 所示。

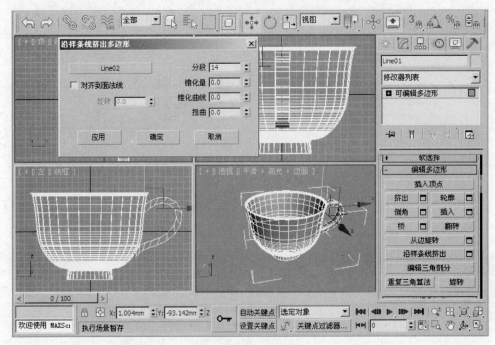

图 6-40　生成手柄

退出可编辑多边形操作，在命令面板的"修改"选项中，添加"涡轮平滑"命令，设置迭代次数为 2，生成咖啡杯模型，如图 6-41 所示。再利用样条线和"车削"命令，实现咖啡杯小碟造型即可。

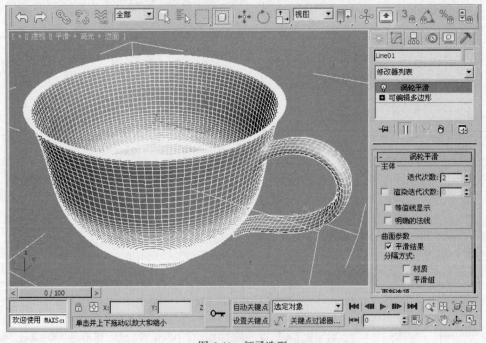

图 6-41　杯子造型

6.2.3 饮料瓶

操作视频所在位置：光盘/第 6 章/饮料瓶.mp4。

使用编辑多边形工具制作饮料瓶造型，如图 6-42 所示。

1. 模型分析

根据饮料瓶模型的特点，上半部分可以采用二维样条线和"车削"相结合的方式实现，下半部分是由六个棱组成的，使用样条线和"车削"相结合，肯定是不可能实现的。可以采用由基础圆柱通过可编辑多边形来实现。

在制作模型时，初学者很难把握住模型的尺寸比例。可以通过"视口背景"的方式来导入参考图形，以此为模型进行临摹。

2. 制作步骤

图 6-42 饮料瓶

将前视图切换为当前操作视图，按【Alt】+【B】组合键或执行【视图】/【视口背景】/【视口背景】命令，单击 文件... 按钮，在弹出的列表中，选择要作为视口背景的图片，单击 打开(O) 按钮。选中"匹配位图"和"锁定缩放/平移"两个选项。将图片作为视口背景。按【G】键，隐藏视图网格，如图 6-43 所示。

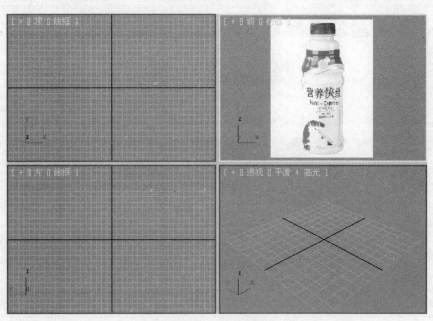

图 6-43 视口背景

在顶视图中创建圆柱体，参照前视图中的图片设置参数，如图 6-44 所示。

选择圆柱，右击鼠标，选择【转换为】/【转换为可编辑多边形】命令，按主键盘数字键【1】，在"点"的方式下移动和缩放控制点，实现饮料瓶造型，如图 6-45 所示。

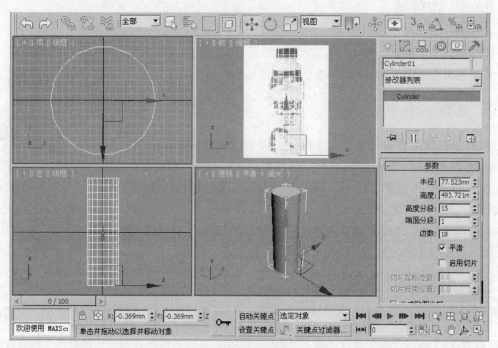

图 6-44　创建圆柱

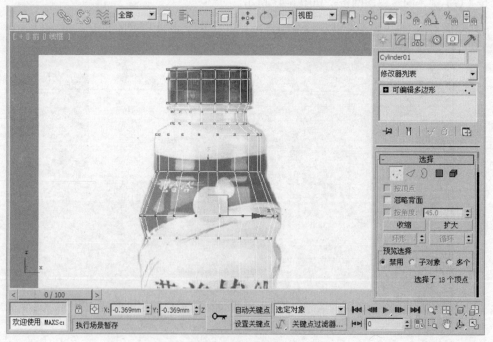

图 6-45　调节点的位置

通过点来影响物体形状，遇到段数不够时，在"编辑几何体"选项中，单击"切片平面"按钮，在视图中，移动或旋转控制平面，到达合适位置时，再次单击"切片"按钮。完成段数线的添加。段数添加完成后，再次单击"切片平面"按钮退出该操作命令，如图 6-46 所示。调节完顶点的模型已经初步具备了饮料瓶的形状，如图 6-47 所示。

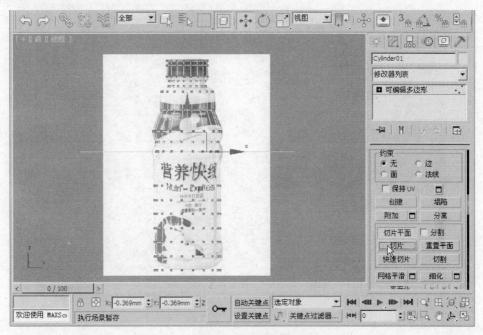

图 6-46 切片平面

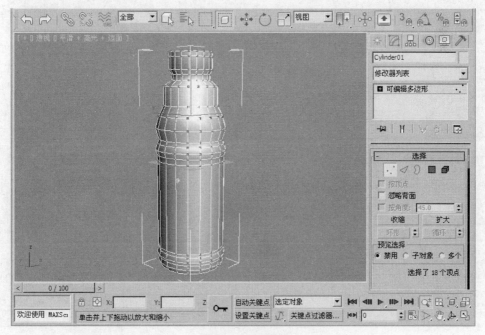

图 6-47 初具形状

在透视图中按主键盘数字键【2】，选中"忽略背面"选项，间隔选中底部竖直的线，单击"移除"按钮。移除线条后的造型，留下 6 个面，如图 6-48 所示。

按主键盘数字键【4】，按住【Ctrl】键的同时，选择底部 6 个面，执行"插入"命令，单击"应用"按钮，可以多次运算。但"插入量"数值应该越来越小，如图 6-49 所示。

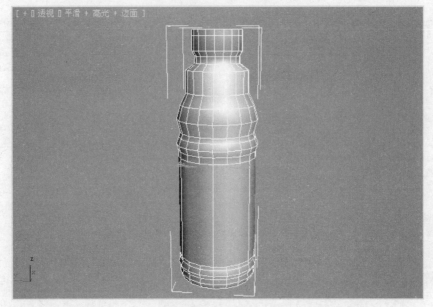

图 6-48　移除线

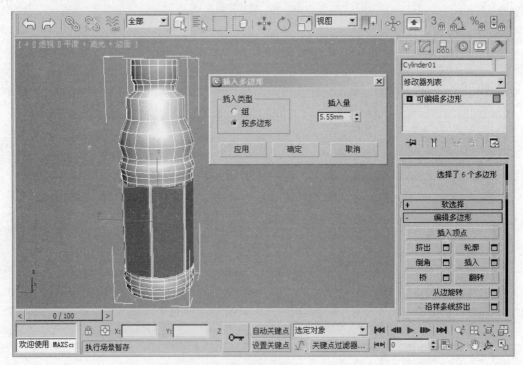

图 6-49　插入

退出可编辑多边形操作。选择物体，在命令面板的"修改"改选项中，再次添加"涡轮平滑"命令，得到饮料瓶模型，如图 6-50 所示。

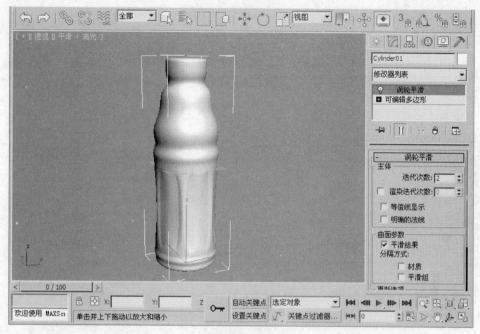

图 6-50 结果

通过饮料瓶的制作，读者可以获得一个经验技巧，即在制作模型设置段数时，先设置一个初始值，根据实际需要再进行添加。同时，还可以导入图片作为视口背景，通过临摹的方式，掌握模型比例。

技巧说明

6.2.4 室内空间

在使用 3ds Max 制作室内效果图时，可先根据测量的尺寸，绘制平面图，再由平面图生成室内空间。对于内部观察的空间，不需要知道墙体厚度和地面厚度等信息。因此，为了方便和快捷，制作室内空间时，都采取单面建模的方式。

操作视频所在位置：光盘/第 6 章/室内单面空间.mp4。

原图所在位置：光盘/6.2.4 节原图。

1. CAD 图形处理

在 CAD 中，新建图层并置为当前层，利用多段线工具，沿墙体内侧绘制。遇到门口或窗口线时，需要单击点。将文件保存，如图 6-51 所示。

2. 导入 3ds Max

在 3ds Max 软件中，通过执行【自定义】/【单位设置】命令，设置文件单位。执行【文件】/【导入】命令，文件格式选择"*.dwg"，选择文件，单击"打开"按钮，在弹出的界面中，选中"焊接附近顶点"选项，如图 6-52 所示。

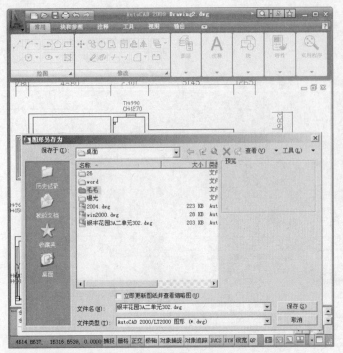
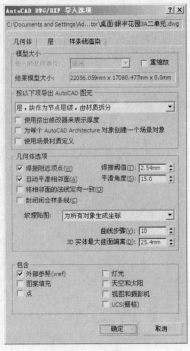

图 6-51　保存文件　　　　　　　　　　　　　　图 6-52　导入选项

选中导入的图形，切换到"修改"选项，更改名称和默认颜色，添加"挤出"命令，将数量改为 2900，如图 6-53 所示。

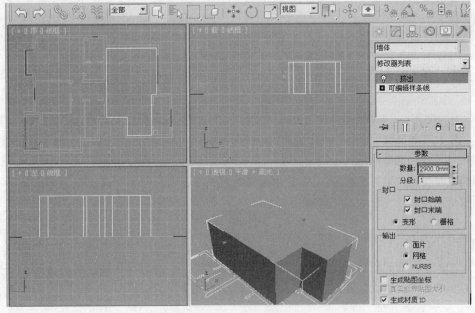

图 6-53　挤出物体

3. 多边形编辑

选择挤出生成的物体，右击转换为可编辑样条线命令，按主键盘数字键【5】，进入到

"元素"子编辑，单击选择墙体，单击鼠标右键，在弹出的快捷菜单中选择"翻转法线"命令。更改观看模型的显示属性。选中模型，单击鼠标右键，在弹出的快捷菜单中选择"对象属性"，在弹出的界面中，选中"背面消隐"选项，得到室内空间效果，如图 6-54 所示。

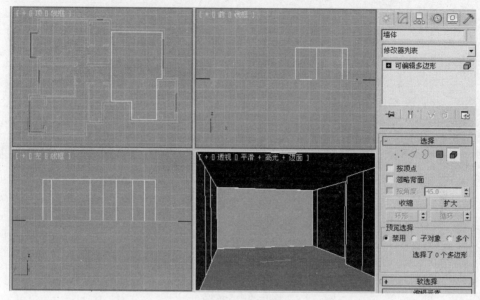

图 6-54　室内空间

右键单击视图名称，在弹出的快捷菜单中选择"配置"选项，在弹出的界面中，切换到"照明和阴影"选项，更改默认照明方式，如图 6-55 所示。

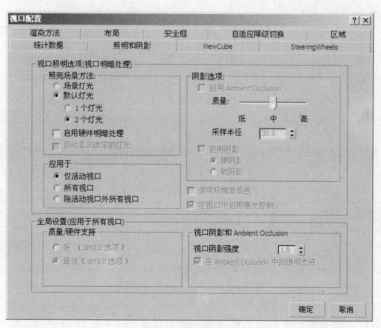

图 6-55　默认照明

将透视图最大化显示，调节观察方向。按主键盘数字键【2】，进入到"边"的子编辑下，选中"忽略背面"选项，选择垂直两边，单击 连接 按钮后面的 按钮，在弹出的界面中，设置连接的边线数，生成窗口水平线，如图 6-56 所示。

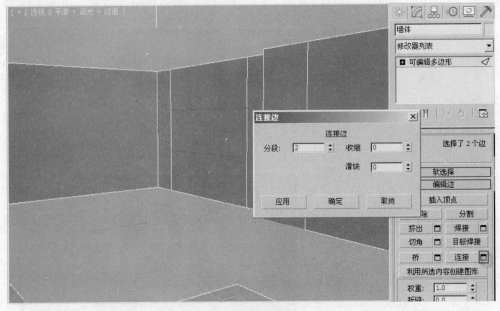

图 6-56　连接边

选择其中一边，按【F12】键，在弹出的界面中设置窗台高度，如图 6-57 所示。

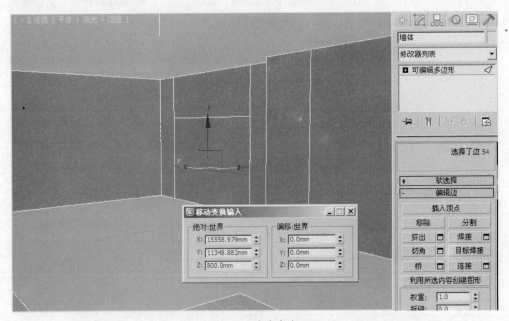

图 6-57　窗台高度

以同样的方向，调节窗口上边缘高度。按主键盘数字键【4】，选择中间区域，单击"挤出"按钮。将其挤出-200 个单位，按【Del】键将其删除，生成窗口造型，如图 6-58 所示。

以同样的方式，选择左侧中间的面，向内挤出-1000 个单位，生成中间走廊。

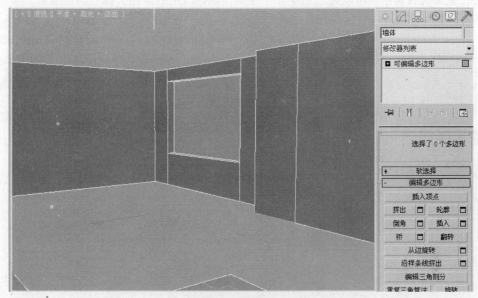

图 6-58 窗口造型

4. 添加摄影机

在命令面板中，切换到的"创建"选项，单击"摄影机"按钮，单击选择"目标"，在顶视图中，单击并拖动鼠标。为整个场景添加摄影机对象，如图 6-59 所示。

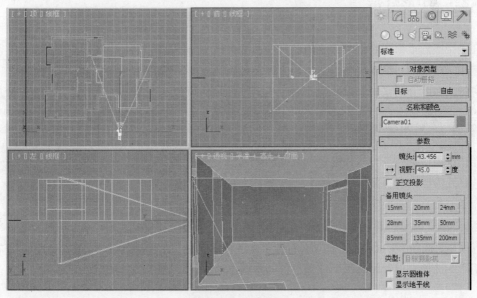

图 6-59 添加摄影机

在左视图中，选择摄影机和目标点，向上调节高度位置。在透视图中，按【C】键，切换到摄影机视图。选中摄影机，在参数中选中"手动剪切"选项，设置"近距剪切"和"远距剪切"选项。"近距剪切"是指摄影机观看的起始位置，"远距剪切"是指摄影机观看的结束位置。在摄影机视图中，可以通过右下角"视图控制区"中的按钮，调节最后效果，如图 6-60 所示。

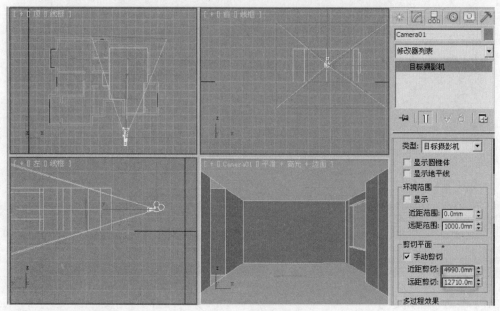

图 6-60　单面空间

6.2.5　矩形灯带

在进行室内效果图制作时，室内的房顶通常根据实际情况进行吊顶制作。包括顶角线或灯带造型。顶角线在前面"放样"建模时已经讲解。在此介绍室内灯带造型。

1. 创建空间物体

在顶视图中创建长方体并设置参数，如图 6-61 所示。

图 6-61　长方体参数

选择长方体，右击鼠标，选择【转换为】/【转换为可编辑多边形】命令，按主键盘数字键【5】，选择长方体，单击鼠标右键，选择"翻转法线"命令。再次单击鼠标右键，选择"对象属性"，在弹出的界面中，选中"背面消隐"选项。右键单击透视图名称，在屏幕菜单中，选择"配置"，在"照明和阴影"选项，设置默认两个灯光，得到室内单面空间，如图 6-62 所示。

2. 生成灯带

在透视图中，按主键盘数字键【1】，切换到"点"的编辑方式。在"编辑几何体"选项中，单击"切片平面"按钮，按【F12】键，在弹出的界面中，依次在 Z 轴数据中输入 2700mm 和 2800mm，分别单击"切片"按钮，完成两次切片平面操作，如图 6-63 所示。

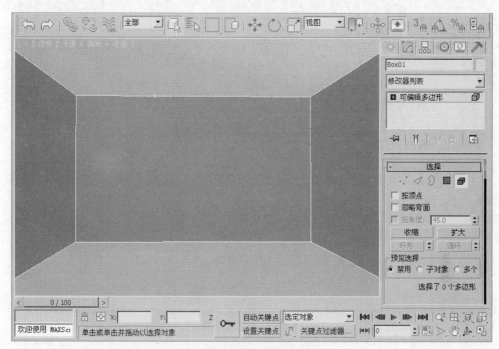

图 6-62 室内空间

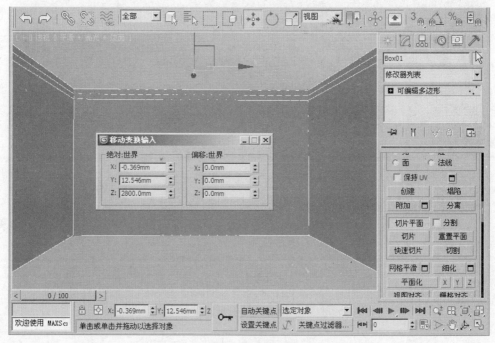

图 6-63 切片平面

按主键盘数字键【4】，选中"忽略背面"选项，在透视图中按住【Ctrl】键的同时，依次单击选择切片生成的面，单击"挤出"后的控制按钮，在弹出的界面中，执行挤出操作，设置参数，如图 6-64 所示，生成室内灯带造型，如图 6-65 所示。

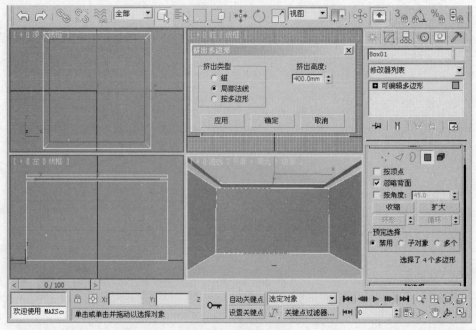

图 6-64　挤出多边形

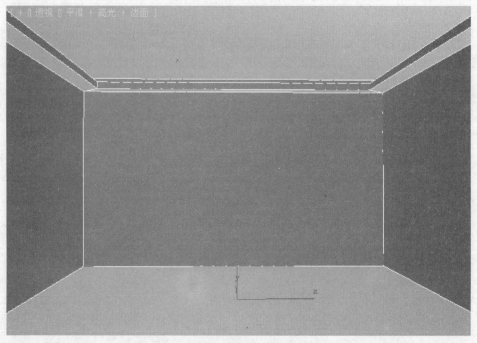

图 6-65　室内灯带造型

6.2.6　室外造型

在使用 3ds Max 软件进行室外建模时，需要创建"C"或"L"形建筑物外围造型。里面的空间造型和后面看不到的部分墙体，不需要创建。可以通过导入 CAD 文件，方便地生成整个建筑物造型。

1. CAD 文件处理

在 AutoCAD 软件中，打开建筑平面图，如图 6-66 所示，原图所在位置：光盘/6-66 原图.dwg。

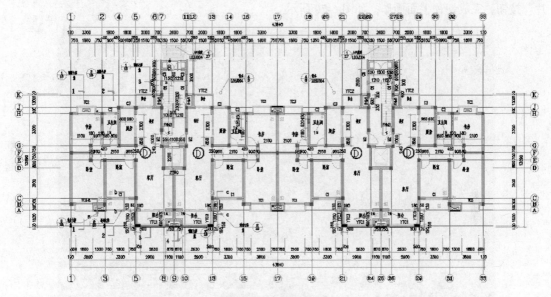

图 6-66　建筑平面图

在命令行中，输入"LA"并按【Enter】键，新建图层并置为当前层。选择"多段线"工具，在平面图中，绘制墙体。在墙角拐角处需要单击点，如图 6-67 所示。

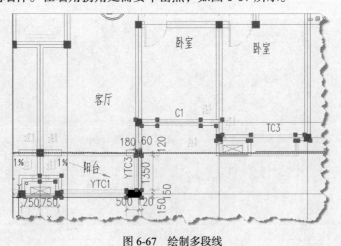

图 6-67　绘制多段线

2. 导入到 3ds Max

将 CAD 文件保存后，导入到 3ds Max 软件中。选择多段线绘制的图层。按【Ctrl】+【I】组合键，实现反选操作。右击鼠标，选择"冻结当前选择"，把临时不需要显示的对象进行冻结，如图 6-68 所示。

3. 生成墙体

选择墙体线条，在命令面板的"修改"选项中，添加"挤出"命令，数量为 2900。生成三维墙体。右击鼠标，选择【转换为】/【转换为可编辑多边形】命令，在透视图中，按【F4】键，切换到线框实体显示模式，如图 6-69 所示。按主键盘数字键【1】，切换到"顶点"编辑模式。单击"切片平面"按钮，按【F12】键，在 Z 轴数据坐标中依次输入 450mm 和 2550mm，分别单击"切片"按钮，完成切片平面操作，如图 6-70 所示。

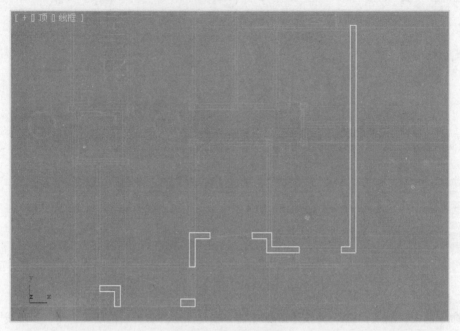

图 6-68　单独显示墙线

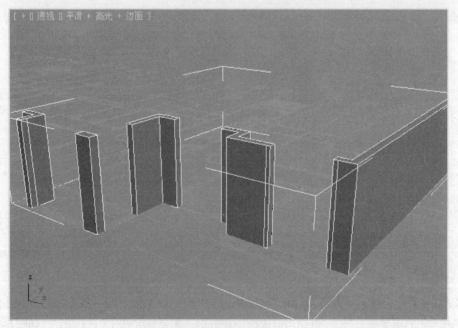

图 6-69　墙体

按主键盘数字键【4】，切换到多边形方式，选中"忽略背面"选项。按住【Ctrl】键的同时，依次选择需要桥连接的面，单击"桥"按钮，如图 6-71 所示。依次将另外的面进行桥连接，生成具有窗户洞口的墙体造型，如图 6-72 所示。

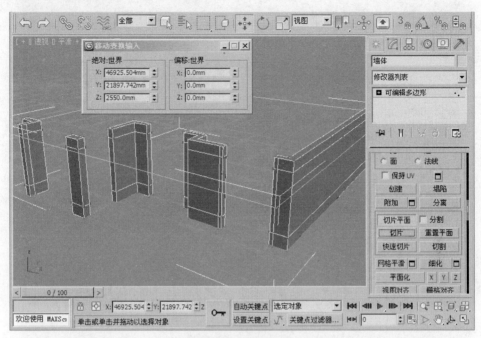

图 6-70　切片平面

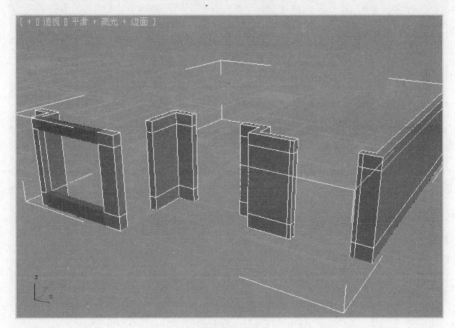

图 6-71　桥

4. 添加窗户

采取同样的方法，将窗户造型从 CAD 导入到 3ds Max 软件。原图所在位置：光盘/6-73 窗户.dwg。添加"挤出"命令，生成窗户造型。通过"对象捕捉"的方法，调节窗户与洞口的位置，如图 6-73 所示。

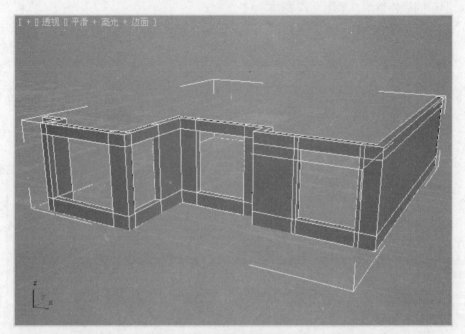

图 6-72　洞口墙体

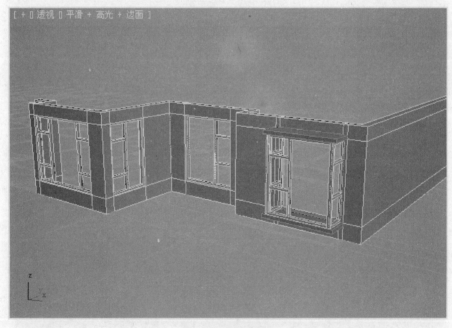

图 6-73　窗户造型

5. 一层墙体

选择墙体和所有的窗户造型，执行【组】/【群组】命令，按"空格"键，将其锁定选择。在顶视图中沿 X 轴镜像复制，生成一个单元的建筑物造型。利用"对象捕捉"命令，进行精确的位置调节，如图 6-74 所示。

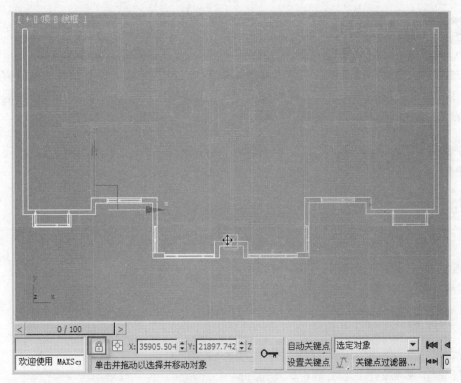

图 6-74 镜像复制

选择全部对象，将当前视图切换为透视图，执行【工具】/【阵列】命令，在"增量"选项中，Z 轴中输入 2900，设置复制的个数。生成整个楼体造型，如图 6-75 所示。根据实际需要，再制作底部和楼顶造型即可。

图 6-75 建筑造型

6.3 本章小结

通过本章的介绍，读者可以了解"编辑多边形"的建模工具，及其独特的建模方式和思路。利用编辑多边形工具，很容易做出符合效果图要求的模型，为产品效果图建模的学习奠定了基础。

6.4 课后练习

利用本章所学习的知识，制作如下实例。

1. 铅笔制作

【涉及知识点】编辑多边形，如图 6-76 所示。
【案例制作视频位置】光盘/第 6 章/铅笔.mp4

2. 汤勺制作

【涉及知识点】编辑多边形，涡轮平滑，如图 6-77 所示。
【案例制作视频位置】光盘/第 6 章/汤勺.mp4

图 6-76　铅笔

图 6-77　汤勺

第7章
材质

通过对前面章节建模知识的学习，读者可以根据客户的要求建立模型。但此时的模型只有外观看起来像，表面的材质表现还不够细腻和逼真。通过对物体添加材质，可以将效果图表现得更加真实。

本章要点

➤ 材质基础知识
➤ 常见材质
➤ 常见贴图
➤ 材质实例

7.1 材质基础知识

在 3ds Max 中，材质和贴图主要用于描述对象表面的物质状态，构造真实世界中自然物质的视觉表象。不同的材质与贴图能够给人们带来不同的视觉感受，它们是在 3ds Max 中营造客观事物真实效果的最有效手段之一。

7.1.1 理论知识

1. 材质

材质，顾名思义，即物体的材料质地。就是平常所说的材料，如在墙上贴壁纸，那么壁纸就是墙体的材质。在 3ds Max 软件中，物体的材质主要通过颜色、不透明度和高光特征来体现。

对于玻璃球、橡胶球和不锈钢球等 3 个物体。在建模时，效果都是一样。通过颜色、不透明度和高光特征，就可以将 3 个不同的材质物体区分开来。颜色、不透明度和高光特征也被称为材质的三要素。通过三要素构成最基本的材质元素。

2. 贴图

贴图是指依附于物体表面的纹理图像。用于替换材质三要素中的颜色，如木地板材质。对于木地板来讲，表面并不是单一的颜色，而是具有某种实木花纹的图像。

对于某个物体来讲，可以没有贴图。但不能没有材质。贴图属于材质的一部分。

3. 贴图通道

通过给物体添加贴图，实现材质的特殊效果，如折射贴图。在折射贴图方式中，添加贴图，实现材质的折射效果。

7.1.2　材质编辑器

材质编辑器是用于编辑场景模型纹理和质感的工具。它可以编辑材质表面的颜色、高光和不透明度等物体质感属性，并且可以指定场景模型所需的纹理贴图，使模型更加真实。

单击主工具栏中的 图标或按【M】键，打开材质编辑器工具，如图 7-1 所示。

该对话框分为上、下两部分，上半部分为样本球、工具行和工具列，下半部分为材质以及材质的基本参数。

1. 样本球

用于显示材质和贴图的编辑效果。默认时每个球代表一类材质，总共 24 个样本球。右击样本球，可以在弹出的屏幕菜单中更改默认的显示方式。

2. 工具行

位于样本球下端的工具按钮，下面介绍常用的工具按钮。

 获取材质：用于新建或打开存储过的材质。单击该按钮后，从弹出的界面中选择浏览方式，来确定是新建或打开材质。

 赋材质：用于将当前样本球的材质效果，赋给场景中已经选择的物体。若该按钮显示灰色时，表示当前样本球的材质不可用或场景中未选择物体。

 重置贴图：将当前材质的各个选项恢复到系统默认设置。

 放入库：将当前样本球的材质存入到当前材质库。方便在其他文件中使用该材质。放入库时，需要对材质取名，方便再次使用。

 材质效果通道：单击该按钮后，从弹出的列表中选择 ID 编号，指定 Video Post 通道，以产生特殊效果，需要 Video Post 渲染输出才有效果。

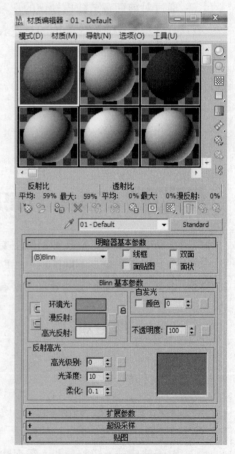

图 7-1　材质编辑器界面

在视口中显示贴图：单击该按钮后，物体上的贴图即在视口中显示。默认时，在渲染时显示贴图。

转到父级：将当前编辑操作移到材质编辑器的上一层级。

转到同一级：将当前编辑操作跳转到同一级别的其他选项。

3. 工具列

工作列中的命令通常仅影响样本球的显示效果。因此，平时在操作时很少更改。

采样类型：用于设置样本球的显示方式，单击该按钮时，可以从中选择长方体或圆柱体的显示效果。只影响样本球，不影响实际效果。

背光：用于设置样本球的背景光。影响样本球的三维显示效果。

背景：单击该按钮后，为样本球添加方格背景。方便设置材质的半透明效果。

7.1.3 标准材质及参数

不同的材质，会有不同的材质参数。默认时，标准材质可以实现所有的材质效果。

1. 明暗器基本参数

在现实世界中，每一种物体都具有它特别的表面特性，所以一眼就可以分辨出物体的材质是金属还是玻璃。明暗器就是用于表现各种物体不同的表面属性，如图 7-2 所示。

"着色类型"列表：用于设置不同方式的材质着色类型。不同的着色类型有各自不同的特点。

各向异性明暗器：可以产生一种拉伸且具有角度的高光效果，主要用于表现拉丝的金属或毛发等效果。

图 7-2 明暗器基本参数

Blinn 明暗器：高光边缘有一层比较尖锐的区域，用于模拟现实中的塑料、金属等表面光滑而又并非绝对光滑的物体。

金属明暗器：能够渲染出很光亮的表面，用于表现具有强烈反光的金属效果。

多层明暗器：就是将两个各向异性明暗器组合在一起，可以控制两组不同的高光效果。常用于模拟高度磨光的曲面效果。

Oren-Nayar-Blinn 明暗器：是 Blinn 明暗器的高级版本。用于控制物体的不光滑程度，主要用于模拟如布料、陶瓦等效果。

Phong 明暗器：可以渲染出光泽、规则曲面的高光效果。用于表现塑料、玻璃等。

Strauss 明暗器：用于模拟金属物体的表面效果，它具有简单的光影分界线，可以控制材质金属化的程度。

半透明明暗器：能够制作出半透明的效果，光线可以穿过半透明的物体，并且在穿过物体内部的同时进行离散。主要用于模拟蜡烛、银幕等效果。

线框：选中该选项后，可以显示选中对象的网格的材质特征。

双面：选中该选项后，选中的物体显示双面效果。适用于单面物体的材质显示。

面贴图：默认的贴图方式，选中该选项后，贴图在物体的多边形面上显示。

面状：选中该选项后，物体材质贴图显示"面块"的效果。

2. Blinn 基本参数

着色列表内容不同，所对应的基本参数也会有所不同，如图 7-3 所示。

环境光：用于表现材质的阴影部分。通常与"漫反射"锁定，保持一致。

漫反射：用于设置材质的主要颜色，通过后面的贴图按钮，可以添加材质的基本贴图。

高光反射：用于设置材质高光的颜色，保持默认。因为材质的高光颜色通常还与灯光的颜色有关系。

自发光：用于设置材质自发光的颜色。设置数值时，应保持自发光的颜色与漫反射的颜色一致。设置颜色时，直接影响自发光的颜色效果。

不透明度：用于设置材质的透明程度。值越大，材质表现越透明。

高光级别：用于设置材质高光的强度。值越大，材质的高光越强。

光泽度：用于设置材质高光区域的大小，以影响材质表面的细腻程度。

柔化：用于设置材质高光区域与基本区域的过渡。

3. 扩展参数

用于进一步对材质的透明度和网格状态进行设置，如图 7-4 所示。

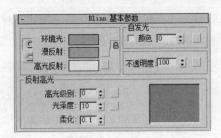

图 7-3　基本参数

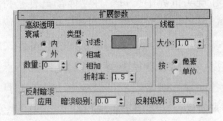

图 7-4　扩展参数

高级透明：用于设置材质的透明程度。通过衰减的类别，设置在内部还是在外部进行衰减。通过数量参数，控制透明的强度。

线框：用于设置线框渲染时，线框的粗细程度。设置该参数时，需要提前选中"明暗器基本参数"中的"线框"选项。

折射率：用于设置材质的折射强度。范围通常在 1.0～2.0。

7.2　常见材质

通常使用材质时，除了要用到标准材质之外，还需要用到其他的材质，如多维/子对象材质、光线跟踪材质等。

7.2.1　光线跟踪材质

光线跟踪材质是一种比标准材质高级的材质类型，它不仅包括了标准材质所具有的全部特性，还可以创建真实的反射和折射效果，并且支持颜色、浓度、半透明、荧光等其他特殊效果。主要用于制作玻璃、液体和金属材质。

1. 材质参数

材质的基本参数与标准材质类似，下面主要介绍与标准材质不同的参数，如图 7-5 所示。

反射：可以通过颜色或数值控制该材质反射的强弱。颜色越深，反射越弱。数值越小，反射越弱。通常在反射方式中添加衰减贴图。

透明度：可以通过颜色或数值控制材质的透明程度。颜色越深，材质越不透明。

2. 光线跟踪应用——不锈钢材质

在场景中创建平面和茶壶对象，设置各自的参数和段数，如图 7-6 所示。

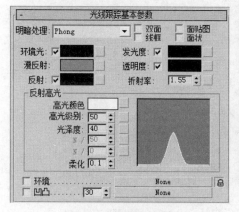

图 7-5　光线跟踪材质

图 7-6　创建场景

选择"平面"模型，按快捷键【M】，打开材质编辑器，选择空白样本球，单击工具行上的按钮，将材质赋给已选中对象。

单击"漫反射"后面的贴图按钮，在弹出的界面中，双击"位图"，在弹出的界面中，选择地板纹理图像。

选择"茶壶"模型，选择空白样本球，单击工具行上的按钮，单击"Arch & Design"按钮，在弹出的界面中，双击"光线跟踪"材质，将当前样本球的材质更换为光线跟踪材质。设定明暗器类型，从下拉列表中选择"各向异性"，单击"漫反射"的颜色，将其更换为白色，高光级别设置为 130，光泽度为 80，去掉"反射"前的复选框，设置数值为 20，单击后面的贴图按钮，在弹出的界面中，双击"衰减"贴图，设置衰减类型为"Fresnel"（菲涅耳），调节曲线，如图 7-7 所示。

单击材质编辑器工具行后面的按钮，返回到材质编辑器，如图 7-8 所示。

按主键盘数字键【8】，打开环境编辑器，单击环境贴图中的"无"按钮，在弹出的界面，双击位图贴图类型，从弹出的列表中选择"*.hdr"格式文件。按快捷键【M】，将环境中的贴图拖放到空白样本球，在弹出的界面中，选择"实例"方式。从贴图列表中选择"球形环境"，如图 7-9 所示。

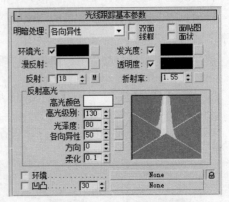

图 7-7　菲涅耳衰减

图 7-8　基本参数

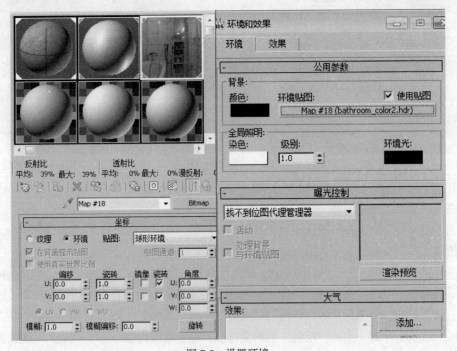

图 7-9　设置环境

选择透视图或摄影机视图，按【Shift】+【Q】组合键，渲染当前场景，得到不锈钢材质，如图 7-10 所示。

在制作反射类材质时，如不锈钢、镜面等，需要注意场景的环境。特别是在产品效果图时，需要手动指定场景的环境。环境文件格式通常为"*.dds"或"*.hdr"格式的文件，环境的贴图类型为球形环境。

技巧说明

图 7-10　不锈钢材质

7.2.2　建筑材质

建筑材质具有真实的物理属性，与光度学灯光和光能传递渲染器配合可以得到逼真的材质效果。通过建筑模板，可以快速生成不同的常见材质。

1.　材质参数

建筑材质参数如图 7-11 所示。

模板：模板下拉菜单中提供了室内外建筑材质模板，每个模板都为材质参数提供了预设值。

漫反射颜色：设置材质的漫反射颜色，如果被指定了漫反射颜色，那么单击后面的 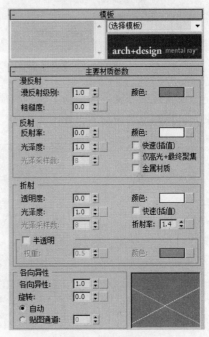 按钮，可以将贴图颜色的平均值设置为漫反射颜色。

漫反射贴图：为漫反射颜色通道指定贴图。

反光度：以百分比的方式设置材质的反光强度，数值为 100 时，表示材质达到最高亮度。减小数值会使材质的反射下降，同时增加高光的范围。

透明度：用于设置材质透明程度，参数越高材质越透明。

半透明：用于设置材质的半透明程度。半透明度可以模拟蜡烛、皮肤等材质透光但不透明的属性。

图 7-11　建筑材质

折射率：用于设置材质的折射率，该参数与现实世界中物体的折射率相同。对于不透明的材质，该参数越高，材质的反射越强。

2.　建筑材质应用——白色陶瓷茶壶

在场景中创建平面和茶壶对象，生成简易场景，与不锈钢材质场景类似，如图 7-12 所示。

选择"茶壶"模型，在弹出的材质编辑器中，单击"Arch & Design"按钮，在弹出的界面中，双击"建筑"材质。从"模板"下拉列表中选择"上光陶瓷"，设置漫反射颜色为白色，如图 7-13 所示。

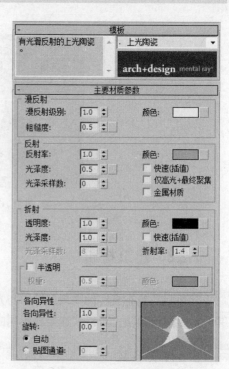

图 7-13　建筑材质

图 7-12　茶壶场景

设置渲染环境贴图，与不锈钢材质类似，在此不再赘述。按【Shift】+【Q】组合键，进行渲染，得到陶瓷茶壶材质，如图 7-14 所示。

图 7-14　陶瓷材质

> 在建筑类材质类别中，可以从"模板"下拉列表选择所需要的材质类型，设置部分参数即可。

7.2.3　多维/子对象材质

多维/子对象材质可以根据物体的 ID 编号将一个整体添加多种不同的子材质。

1. 材质界面

多维/子对象材质界面如图 7-15 所示。

设置数量：单击该按钮后，可以设置子材质的数目。默认子材质数目为 10 个，根据实际需要可以设置多个。

添加：单击一次该按钮，就可以为当前多维/子材质添加一个新的子材质。

ID：显示当前材质的 ID 编号，需要与"编辑多边形"中的 ID 号顺序保持一致。

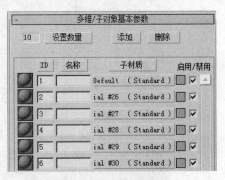

图 7-15 多维/子对象

2. 材质应用——显示器材质

操作视频所在位置：光盘/第 7 章/多维子对象材质应用.mp4。

在 3ds Max 软件中制作长方体并设置段数，通过编辑多边形的方式，生成显示器基本模型，如图 7-16 所示。

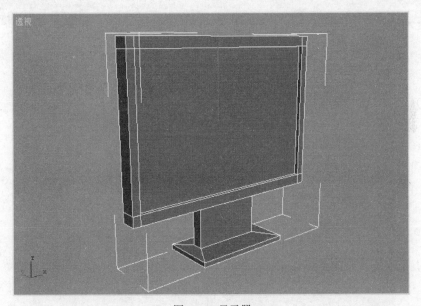

图 7-16 显示器

在"编辑多边形"方式中，按主键盘数字键【4】，选中"忽略背面"选项，在透视图中，选择中间表面，在"材质 ID"选项，在"设置 ID"后文本框中输入设置的数字编号，按键盘【Enter】键。设置选择区域的 ID 编号，如图 7-17 所示。按组合键【Ctrl】+【I】，实现反选，再次设置选择区域的材质 ID。退出当前多边形子编辑。

按【M】键，弹出材质编辑器界面，单击"Arch & Design"按钮，在弹出的界面中双击"多维/子对象"，更改当前材质为"多维/子对象材质"，单击工具行中的 按钮，将样本球上的材质赋给场景中已经选择的物体。依次设置材质 ID 对应的子编辑，即实现一个物体赋不同子材质，如图 7-18 所示。

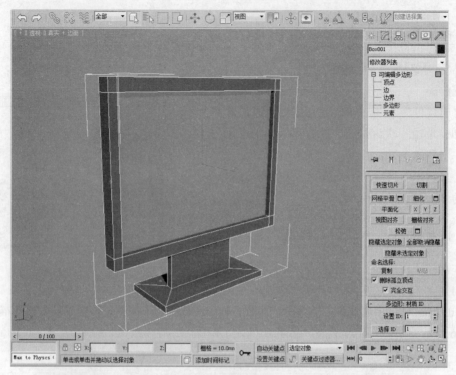

图 7-17 设置 ID 编号

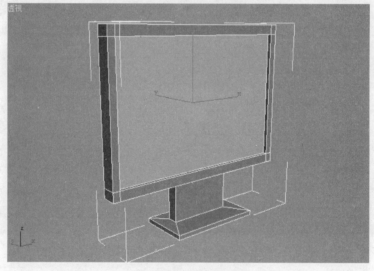

图 7-18 多维/子材质

7.3 常见贴图

依附于物体表面的图像被称之为贴图。贴图的主要作用是模拟物体表面的纹理和凹凸效果。还可以将贴图指定到贴图通道，实现材质的透明度、反射、折射以及自发光等特性。

利用贴图不但可以为物体的表面添加纹理效果，提高材质的真实度，还可以用于制作背景图案和灯光的投影。3ds Max 软件提供了大量的贴图类型，下面介绍常用的贴图和贴图通道。

7.3.1 位图

位图贴图是最常用的贴图类型。在 3ds Max 软件中，支持的图像格式包括 JPG、TIF、PNG、BMP 等。还可以将 AVI、MOV 等格式的动画作为物体的表面贴图。

1. 贴图参数

位图参数如图 7-19 所示。

偏移：用于设置沿着 U 向（水平方向）或 V 向（垂直方向）移动图像的位置。

平铺：用于设置当前贴图在物体表面的平铺效果。当为奇数时，平铺后的贴图在物体表面可以完整显示。

角度：设置图像沿着不同轴向旋转的角度。通常更改 W 方向。调整贴图在物体表面的显示角度。

模糊：用于设置贴图与视图之间的距离，来模糊贴图。

模糊偏移：为当前贴图增加模糊效果，与距离视图的远近没有关系，当需要柔和焦散贴图中的细节，以实现模糊图像时，需要选中该选项。

位图：单击位图后面的按钮，可以在弹出的界面中重新加载或选择另外贴图。默认时，显示当前贴图所在路径和文件名。

查看图像：用于选取当前贴图的部分图像，作为最终的贴图区域。使用时，单击"查看图像"按钮，在弹出的界面中，根据需要选择图区域，关闭后，再次选中"应用"选项即可。

2. 贴图应用——制作木地板贴图

选择地面模型，按【M】键，选择空白样本球，单击工具行中的 按钮，单击"漫反射"后面的贴图按钮，在弹出的界面中，双击"位图"，从弹出的界面中，选择需要添加的贴图，如图 7-20 所示。单击工具行中的 按钮，在视口中显示贴图效果。

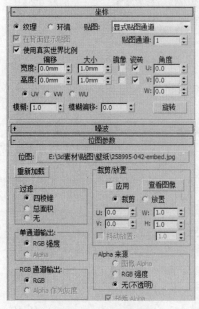

图 7-19　贴图参数

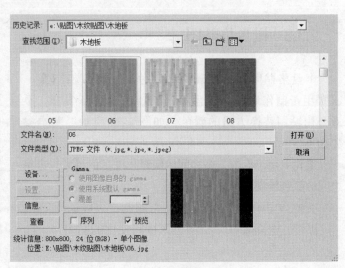

图 7-20　选择贴图

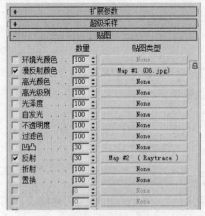

图 7-21　设置反射

设置贴图的"平铺"效果。尽量设置为奇数，贴图在物体表面可以完整显示。单击工具行右侧的![按钮]按钮，返回上一层级。展开"贴图"展卷栏，单击反射后面的 None 按钮，在弹出的界面中，双击"光线跟踪"按钮，再次单击工具行右侧的![按钮]按钮，返回上一层级。设置反射贴图的强度数量，如图 7-21 所示。

在贴图展卷栏中，单击"漫反射"后面的按钮并拖动到"凹凸"后面的按钮上，选择"实例"复制。设置凹凸的强度数量为 70，如图 7-22 所示。使用默认灯光进行渲染，查看木地板效果，如图 7-23 所示。

图 7-22　凹凸贴图

图 7-23　木地板效果

说明

在使用 3ds Max 2012 软件制作材质时，特别是添加贴图文件时，默认不支持中文路径。需要将贴图文件夹的名称及路径设置为英文或其他非汉字字符。笔者的软件支持中文路径，是因为安装过支持中文路径的插件。在此需要特别说明一下。

7.3.2　棋盘格贴图

棋盘格贴图用于实现两种颜色交互的方格图案，通常用于制作地板、棋盘等效果。在棋盘格图中，不适合用贴图替换方格的颜色，如图 7-24 所示，基本参数如下。

柔化：用于设置方格之间的模糊程度。值越大，方格之间的颜色模糊越明显。

交换：单击该按钮后，颜色#1 与颜色#2 可以进行交换。

贴图：选择要在方格颜色区域内使用的贴图。

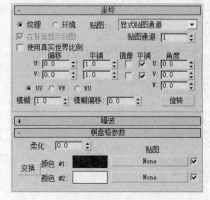

图 7-24　棋盘格贴图

7.3.3　大理石贴图

大理石贴图可以生成带有随机颜色纹理的大理石效果，也可方便生成随机的"布艺"纹理，还可以添加到"凹凸"贴图通道中，实现水纹玻璃效果，如图 7-25 所示，基本参数如下。

大小：用于设置大理石纹理之间的间距。

纹理宽度：用于设置大理石纹理之间的宽度，数值越小，宽度越大，如图 7-26 所示。

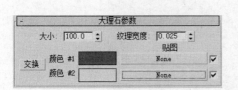

图 7-25　大理石参数

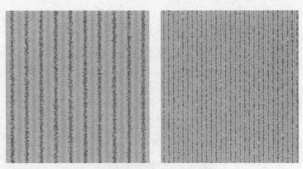

图 7-26　纹理宽度不同

7.3.4　衰减贴图

衰减贴图可以产生从有到无的衰减过程，通常应用于反射、不透明贴图通道，如不锈钢材质反射的衰减。在 7.2.1 小节中的不锈钢材质使用过衰减贴图，如图 7-27 所示。基本参数如下。

衰减类型：用于设置衰减的类型方式，从下拉列表中选择。共提供 5 种衰减类型。

垂直/平行：在与衰减方向相垂直的法线和与衰减方向平行的法线之间，设置角度衰减范围。衰减范围为基于平面法线方向改变 90°。

朝向/背离：在面向衰减方向的法线和背离衰减方向的法线之间，设置角度衰减范围。衰减范围为基于平面法线方向改变 180°。

Fresnel（菲涅耳）：基于折射率的调整。在面向视图的曲面上产生暗淡反射，在有角的面上产生较明亮的反射，产生类似于玻璃面一样的高光。

阴影/灯光：基于落在对象上的灯光，在两个子纹理之间进行调节。

距离混合：基于近距离值和远距离值，在两个子纹理之间进行调节。

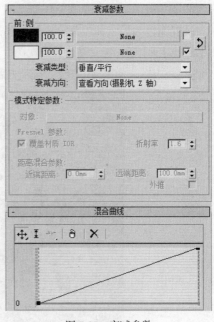

图 7-27　衰减参数

7.4 综合实例

通过以下材质实例，掌握材质的实际应用。

7.4.1 篮球

1. 创建纹理贴图

在前视图中利用二维线条绘制篮球纹理贴图，如图 7-28 所示。

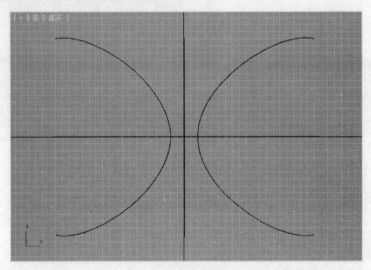

图 7-28　创建线条

设置颜色为黑色和可渲染属性。按主键盘数字键【8】，设置环境颜色，设置为篮球的深红色。按【Shift】+【Q】组合键，渲染视图。单击🖫按钮，将图像渲染保存，如图 7-29 所示。

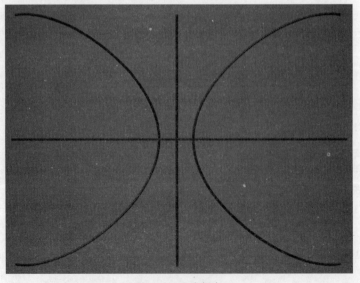

图 7-29　渲染保存

将当前界面重置。再次创建球体并在前视图中进行阵列复制，生成球体排列造型，如图 7-30 所示。

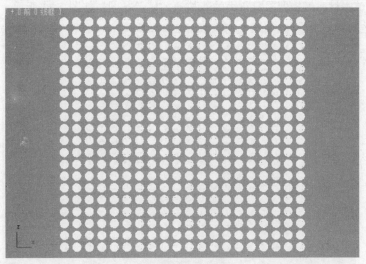

图 7-30　球体排列

设置球体颜色为白色，使用默认的环境色进行渲染，单击渲染界面的 🖫 按钮，保存图像，如图 7-31 所示。

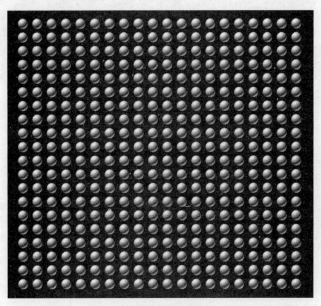

图 7-31　渲染保存

2．创建模型

将软件界面重置。在顶视图中创建球体模型作为篮球造型，设置参数。创建平面模型作为地面，如图 7-32 所示。

3．赋材质

选择球体模型，按【M】键，在弹出的界面中选择空白样本球，单击工具行中的 🖫 按钮，单击"漫反射"后面的贴图按钮，在弹出的界面中双击位图，选择第一次保存的纹理图像，单击 打开(O) 按钮。单击材质编辑器工具行中的 按钮，显示贴图，如图 7-33 所示。

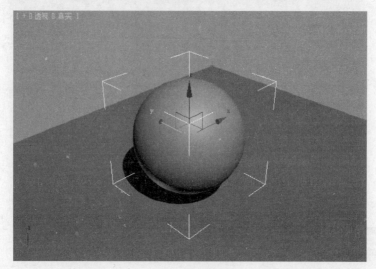

图 7-32　创建模型

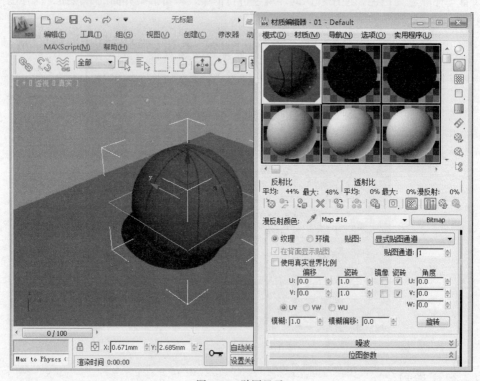

图 7-33　贴图显示

在位图参数中单击"查看图像"按钮，在弹出的界面中选择要显示的区域，如图 7-34 所示。关闭后，选中"应用"复选框。

4．调节贴图

选择球体模型，在命令面板的"修改"选项中选择"UVW 贴图"命令，更改贴图方式，如

图 7-35 所示。

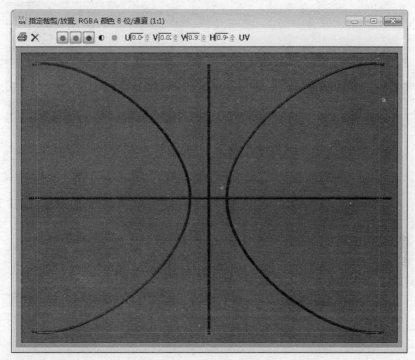

图 7-34 选择区域

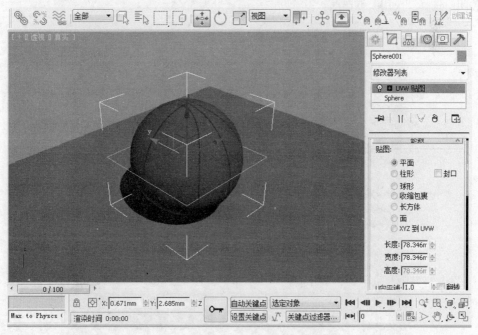

图 7-35 UVW 贴图

　　按【M】键，显示材质编辑器。选择篮球材质球，展开贴图展卷栏，单击"凹凸"后面的 "None"，在弹出的界面中双击位图，选择存储过的凹凸贴图，如图 7-36 所示。

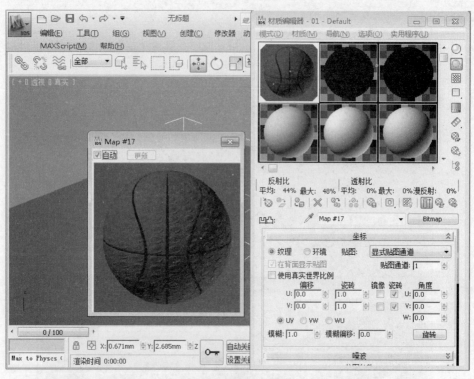

图 7-36　添加凹凸贴图

单击 查看图像 按钮，在弹出的界面中选择需要显示的图像区域，如图 7-37 所示。完成后，将其关闭。选择"应用"复选框。设置贴图平铺数量为 5×5。

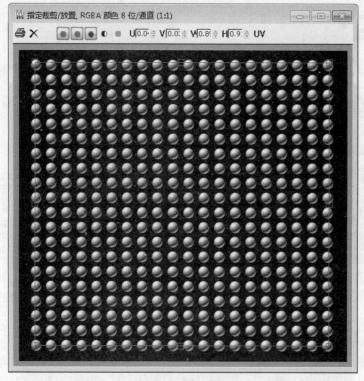

图 7-37　裁切区域

设置材质的高光级别参数，渲染即可显示篮球效果，如图 7-38 所示。

图 7-38 篮球效果

7.4.2 地面砖平铺

在实际制作地面砖平铺效果时，通过"UVW 贴图"的方式可以实现精确的平铺效果，方便预算铺设室内空间时所用的地砖数量。

1. 建模并赋材质

在 3ds Max 软件中，新建长方体，长、宽、高尺寸依次为 4500mm×4100mm×10mm。按【M】键，在弹出的界面中，选择空白样本球，单击工具行中的 按钮。单击"漫反射"后面的贴图按钮，在弹出的界面中双击位图，选择地面砖贴图，赋给模型，单击工具行中的 按钮，如图 7-39 所示。

2. 设置 UVW

在命令面板的"修改"选项中，选添加"UVW 贴图"命令，设置单块地砖尺寸的长度和宽度为 800mm×800mm，如图 7-40 所示。

将 UVW 贴图前的"+"展开，选择"Gizmo"，按【Alt】+【A】组合键，将变换轴心与模型进行对齐。设置参数，如图 7-41 所示。对齐完成后，显示实际平铺效果。可以查看实际的平铺数量。在实际显示数量的基础上，增加 15%比例数值即可，如图 7-42 所示。

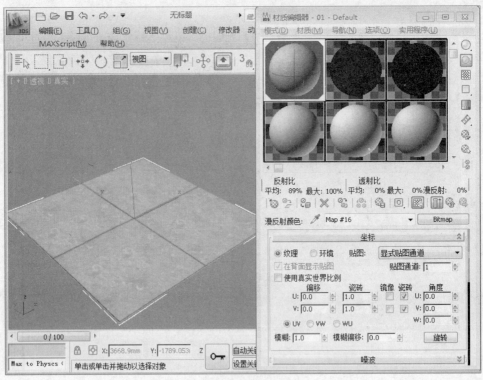

图 7-39　显示贴图

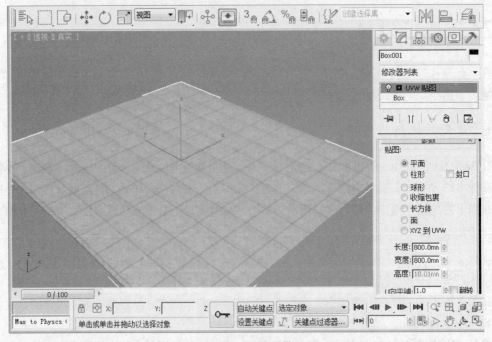

图 7-40　UVW 平铺

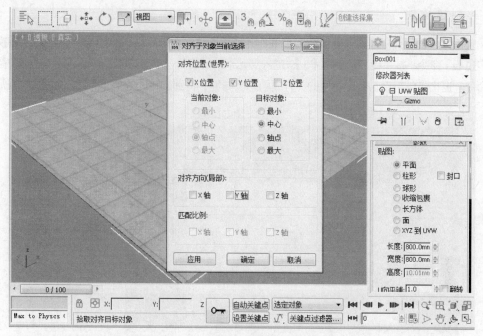

图 7-41　对齐

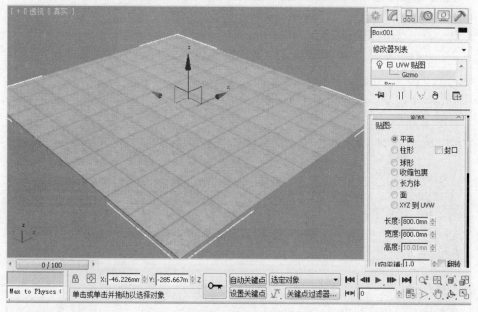

图 7-42　实际效果

7.4.3　室内空间

操作视频所在位置：光盘/第 7 章/室内空间.mp4。

通过单面建模的方式创建室内空间，根据需要在不同的表面赋材质以及贴图。包括材质编辑 ID 号和后续的多维/子材质。

1. 创建场景

设置单位，创建长方体，设置尺寸和参数。选择长方体，右击鼠标，选择【转换为】/【转换为可编辑多边形】命令，按主键盘数字键【5】，进入到元素的子编辑，单击物体，右击鼠标，选择"翻转法线"命令。退出子编辑后，设置模型的"背面消隐"属性，得到翻转后的单面空间，如图 7-43 所示。

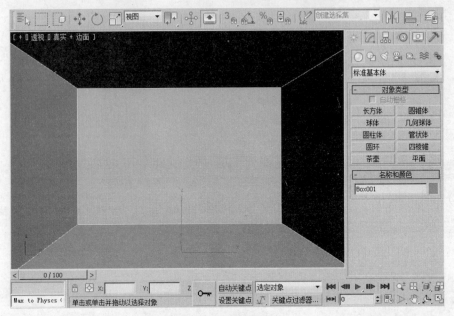

图 7-43　翻转法线

右击视图名称，选择配置，设置当前视图默认的照明选项，如图 7-44 所示。

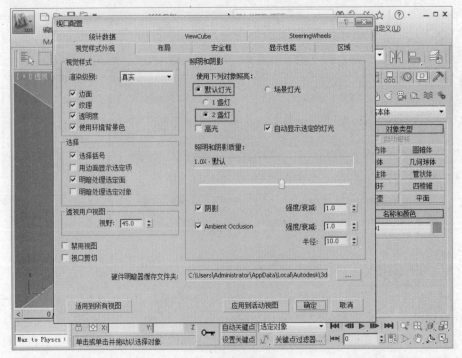

图 7-44　默认照明

　　按主键盘数字键【4】，进入到"多边形"子编辑，选中"忽略背面"选项，在透视中选择多边形，单击参数中的设置 ID，输入号码，如图 7-45 所示。根据需要，将统一材质的其他区域设置为一个 ID 编号。退出多边形子编辑。

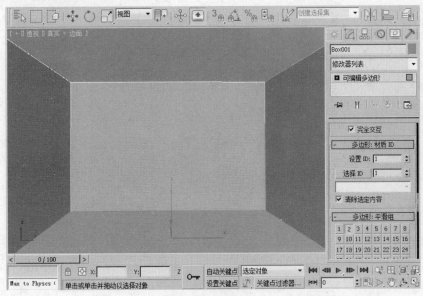

图 7-45　设置 ID

2.　赋材质

　　选择长方体模型，按【M】键，在弹出的界面中选择空白样本球，单击"Standard"按钮，在弹出的界面中双击"多维/子对象"材质，更改当前材质类型。单击工具行中的 按钮，将材质赋给选中的模型。更改子材质 ID 对应的颜色，查看效果，如图 7-46 所示 。

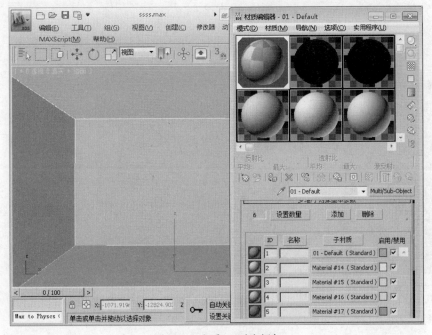

图 7-46　查看 ID 对应颜色

分别设置 ID 为 1 号和 2 号的子材质，为它们添加实际需要的贴图效果，并单击材质工具行中的▨按钮，如图 7-47 所示。

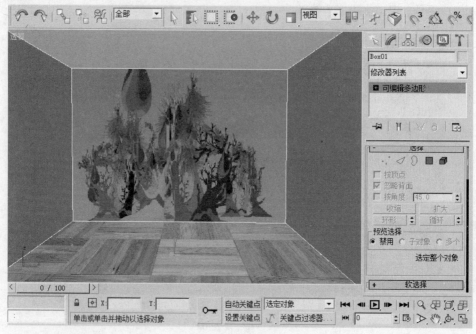

图 7-47　显示贴图

3．调节贴图

选择空间模型，在命令面板的"修改"选项中，添加"多边形选择"命令，按主键盘数字键【4】，进入到多边形的子编辑，输入地板贴图的 ID 号，单击 选择 按钮，如图 7-48 所示。

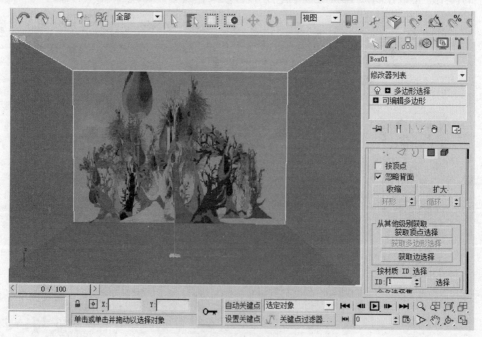

图 7-48　多边形选择

在不退出子编辑的前提下，再次添加"UVW 贴图"命令，设置当前 ID 对应的贴图，包括平铺或纠正等操作，如图 7-49 所示。同样的方法，对另外的贴图依次添加多边形选择命令和 UVW 贴图命令，用于纠正和调节子材质的贴图效果，得到最终效果。

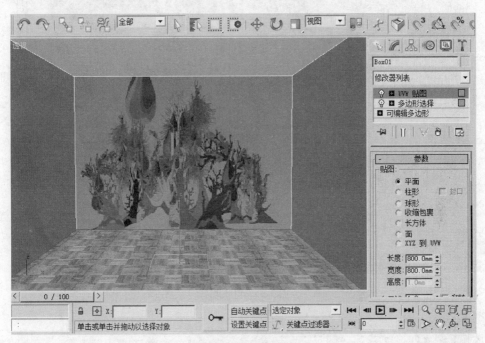

图 7-49　UVW 贴图

说明

对于室内空间赋材质，特别是添加贴图时，通常需要为子材质所在的多边形区域添加多边形选择命令，临时将其孤立，再添加 UVW 贴图命令，进行纠正。对于一个整体模型来讲，有几个子材质需要添加贴图，就需要执行几次多边形选择和 UVW 贴图组合的命令，而不是整个模型用一次 UVW 贴图命令。

7.4.4　新建或导入材质

在正常使用和编辑材质时，默认样本球只有一个材质，因此，场景中默认可以使用的材质为 24 类，远远达不到实际做图所需要的材质数量。

平时在应用材质时，通常将已经设置过的材质存储，方便再次使用，这就需要导入常用材质库。

1．新建材质

首先，将样本球默认材质赋给当前选中物体，并取名，如图 7-50 所示。

单击"材质"工具行中的 按钮，在弹出的界面中的左侧浏览方式选择"创建"，双击右侧材质，如"标准"材质，如图 7-51 所示。选择另外的物体模型，单击"材质"工具行中的 按钮，设置材质参数并取名。

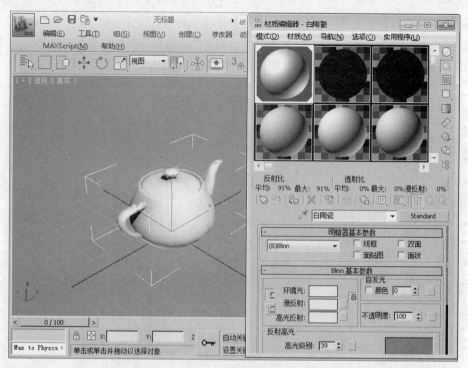

图 7-50　材质取名

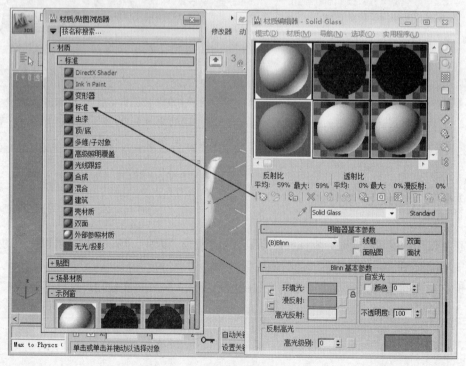

图 7-51　新建材质

　　此时，该样本球就可以使用多种材质。若需要调节已经赋过材质的物体效果，需要选择材质编辑器中的 ▨ 按钮，在物体上单击，拾取材质，物体上的材质即显示在当前样本球，直接更改参数即可，如图 7-52 所示。

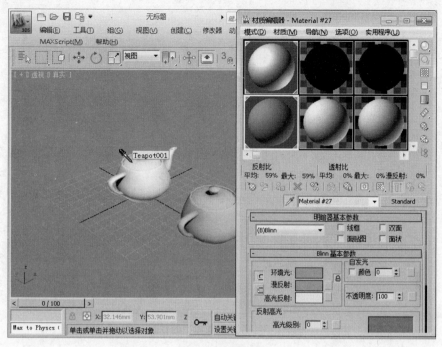

图 7-52　拾取材质

2. 导入或加载材质库

按【M】键，打开材质编辑器界面，单击工具行中的 按钮，在弹出的界面中，将左侧浏览方式选择"材质库"，单击左下方的 打开材质库... 按钮，从弹出的界面中选择"*.mat"的文件，将材质库文件导入，如图 7-53 所示。直接在浏览窗口中双击选择要使用的材质，单击工具行中的 按钮，给选中的对象快速加载材质参数，如图 7-54 所示。

图 7-53　打开材质库

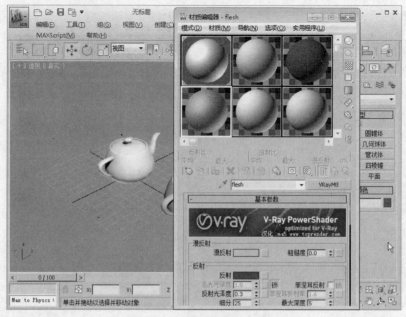

图 7-54　使用材质库中的材质

7.5　本章小结

　　本章对 3ds Max 软件中的材质进行了讲解。对于具体的实际应用，广大读者还需要进一步去练习，才能掌握常见材质在软件中是如何设置的。学好 3ds Max 软件中的材质编辑，会为以后在其他渲染器中使用材质打下坚实的基础。

7.6　课后练习

　　利用本章所学习的知识，制作"易拉罐赋材质"。

　　【涉及知识点】编辑多边形，多维/子对象材质，如图 7-55 所示。

　　【案例制作视频位置】光盘/第 7 章/易拉罐赋材质.mp4。

图 7-55　易拉罐赋材质

第8章

灯光

在 3ds Max 软件中，通过灯光可以实现场景的层次性和空间立体感。此外，灯光也是表现场景基调和烘托氛围的重要手段。良好的灯光效果可以使用场景更加生动、更具有表现力，给人身临其境的感觉。作为 3ds Max 中的一个特殊对象，灯光模拟的不是光源本身，而是光源的照射效果。

本章要点

➢ 灯光类型

➢ 灯光添加和参数

➢ 灯光实例

8.1 灯光类型

在 3ds Max 软件中，系统默认有两盏灯，该两盏灯不产生投影和高光点。当手动添加时，系统灯自动关闭。

3ds Max 2012 提供的灯光主要分为两大类，即标准灯光和光度学灯光。标准灯光模拟各种灯光设备，有聚光灯、泛光灯、平行光和天光等。光度学灯光是通过光学值精确定义的灯光，在 3ds Max 2012 版本中，光度学灯光集合为一个灯光，通过参数，可以实现类似于泛光灯、聚光灯和光域网文件的灯光效果。

8.1.1 标准灯光

标准灯光共有 4 种类型，分别为聚光灯、泛光灯、平行光和天光。不同类型灯光的发光方式不同，所以产生的光照效果也有很大差别，如图 8-1 所示。

1. 聚光灯

聚光灯是一种具有方向和目标的点光源，分为目标聚光灯和自由聚光灯。类似于日常生活中的路灯、车灯等。通常用于制作主光源，如图 8-2 所示。

图 8-1　标准灯光

图 8-2　聚光灯

2. 泛光灯

泛光灯是一种向四周扩散的点光源。类似于裸露的灯泡所放出的光线。通常用于制作辅助光源来照明场景，如图 8-3 所示。

3. 平行光

平行光是一种具有方向和目标，但不扩散的点光源。平行光分为目标平行光和自由平行光两种。通常用于模拟阳光的照射效果。

平行光的原理就像太阳光，会从相同的角度照射范围以内的所有物体，而不受物体位置的影响。当需要显示阴影时，投影的方向都是相同的，而且都是该物体形状的正交投影，如图 8-4 所示。

图 8-3　泛光灯

图 8-4　平行光

4. 天光

天光也是一种用于模拟日光照射效果的灯光，它可以从四面八方同时对物体投射光线。场景中任一点的光照效果都是通过投射随机光线产生的，并检查它们是否落在另一个物体上或天穹上来进行计算的。平时应用较少，在此不做实例。

8.1.2　光度学灯光

光度学灯光与标准灯光类似，但计算方式更加灵活精确。光度学灯光还有一个明显的好处，就是可以使用现实中的计量单位设置灯光的强度、颜色和分布方式等属性。

在后面的章节中，将通过实例进一步讲解光度学灯光的具体使用方法。

8.2　标准灯光

8.2.1　灯光添加

在命令面板的"创建"选项中，单击 按钮，切换到灯光类别，从下拉列表中选择"标准"，单击相应的灯光按钮，在视图中单击并拖动鼠标，完成灯光创建。

在不同的视图中，通过移动或旋转操作灯光所在的位置，更改参数，调节灯光效果。

> **说明**　在 3ds Max 界面中，添加后的灯光需要通过三个单视图调节所在位置。需要读者有一定的三维空间意识。

8.2.2　灯光参数

在标准灯光中，除了天光以外，其他 3 种标准灯光的参数选项基本相同或类似。其中泛光灯的参数最简单，聚光灯与平行光基本相同，如图 8-5 所示。

1. 常规参数

"灯光类型"中的启用：用于打开或关闭灯光。若去掉该选项，即使场景中有灯光，该灯光也不显示。后面的下拉列表可以更改当前灯光类型。

"阴影"中的启用：用于设置是否开启灯光的投影。

使用全局设置：选中该选项后，当前灯光的参数设置会影响场景中所有使用了全局参数设置的灯光。

下拉列表：下拉列表中可以选择当前灯光的阴影类型。不同的阴影类型产生的阴影效果不同。

排除：单击该按钮后，弹出"排除/包含"对话框，如图 8-6 所示。用于设置将某物体排除当前灯光的影响。

图 8-5　基本参数

2. 强度/颜色/衰减

倍增：用于设置当前灯光的照明强度。以 1 为基准，大于 1 时光线增强，小于 1 时光线变弱，小于 0 时，具有吸收光线的特点。后面的颜色框用于设置灯光的颜色，通常为暖色系或冷色系，不能为纯白色。

近距衰减：用于设置当前灯光从产生至最亮的区域范围。通常不需要设置。

远距衰减：用于设置当前灯光的远距离衰减。

使用：选中该选项时，衰减设置有效。

显示：选中该选项时，在视图中显示开始衰减的范围。

开始：远距离衰减时，通常将该选项设置为 0。

结束：用于设置远距离衰减的结束区域。在结束区域以外，当前灯光的光照效果不可见。

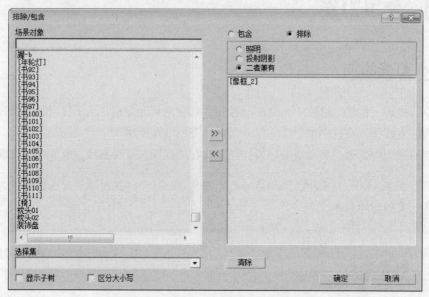

图 8-6　排除/包含

3. 投影类型

当选中启用阴影后，可以从下拉列表中选择阴影类型，如图 8-7 所示。

阴影贴图：是 3ds Max 软件默认的阴影类型。投影类型的优点是渲染时所需要的时间短，是最快的阴影方式，而且阴影的边缘比较柔和，如图 8-8 所示。阴影贴图的缺点是阴影不够精确，不支持透明贴图，如果需要得到比较清晰的阴影，需要占用大量内存。

图 8-7　阴影类型

光线跟踪阴影：是通过跟踪从光源采样出来的光线路径来产生阴影。光线跟踪阴影方式所产生的阴影在计算方式上更加精确，并且支持透明和半透明物体，如图 8-9 所示。光线跟踪阴影的缺点是渲染速度较慢，而且产生的阴影边缘十分生硬，常用于模拟日光和强光的投影效果。

区域阴影：现实中的阴影随着距离的增加，边缘会越来越模糊。利用区域投影就可以得到这种效果。区域阴影在实际使用时，比高级光线跟踪阴影更加灵活。区域阴影唯一的缺点是渲染时速度相对较慢，如图 8-10 所示。

高级光线跟踪：是光线跟踪阴影的增强。在拥有光线跟踪阴影所有特性的同时，还提供了更多的阴影参数控制。高级光线跟踪阴影既可以像阴影贴图那样得到边缘柔和的投影效果，还具有光线跟踪阴影的准确性。

高级光线跟踪阴影占用的内存比光线跟踪阴影少，但是渲染速度要慢一些。主要用于场景中与光度学灯光配合使用，得到与区域阴影大致相同效果的同时，还具有更快的渲染速度，如图 8-11 所示。

图 8-8　阴影贴图

图 8-9　光线跟踪阴影

图 8-10　区域阴影

图 8-11　高级光线跟踪阴影

8.3　光度学灯光

在 3ds Max 软件中，光度学灯光可以通过分布方式和添加光域网文件来渲染得到好看的灯光效果，因此得到很多设计师的青睐。

1．添加

在命令面板的"创建"选项中，单击 按钮，切换到灯光类别，从下拉列表中选择"光度学"，单击"目标灯光"按钮，如图 8-12 所示。在视图中单击并拖动，通过三个单视图调节灯光位置和强度。

2．参数

光度学灯光参数，如图 8-13 所示。

模板：用于设置光度学灯光所使用的模板。从下拉列表中，可以选择 40W 灯泡、60W 灯泡、100W 灯泡和其他常见灯光类型。选择类别后，自动设置灯光的颜色和强度。

常规参数与前面标准灯光参数类似，在此不再赘述。

图 8-12　光度学灯光

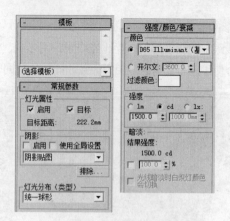

图 8-13　光度学参数

灯光分布（类型）：用于设置当前光度学灯光的类型，包括统一球形、聚光灯、光度学 Web 和统一漫反射。

颜色：光度学灯光的颜色与标准灯光的颜色类似，在此不再赘述。

强度：用于设置当前灯光的强度，可以使用 lm（流明）、cd（烛光度）和 lx（勒克斯）这 3 种不同的单位计算。通常使用 cd（烛光度）单位来衡量当前灯光的强度。当勾选 □ 100.0 ÷ % 时，通过百分比的强度，控制灯光的强弱。

3. 光域网添加

通过光域网文件，可以实现漂亮的灯光效果。

在命令面板的"创建"选项中，单击按钮，切换到灯光类别，从列表中选择"光度学"，单击选择"目标灯光"，在视图中单击并拖动，完成目标点光源的添加。

选择灯光对象，在命令面板中切换到"修改"选项，从"灯光分布"列表中选择"光度学 Web"，此时弹出"Web 参数"，如图 8-14 所示。单击 〈 选择光度学文件 〉 按钮，从弹出的界面中选择"*.ies"格式的文件，如图 8-15 所示。从缩略图中，可以看出该灯的发光效果。单击 打开⑩ 按钮，完成光域网文件的载入。

图 8-14　光度学

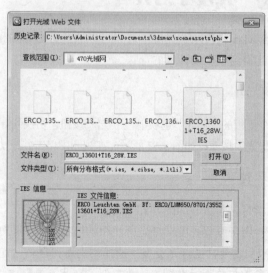

图 8-15　选择光域网文件

在灯光强度选项中，设置当前灯光的强度。通常以 cd（烛光度）为计量单位，如图 8-16 所示。

图 8-16　光域网效果

8.4　综合实例

8.4.1　阳光入射效果

1．创建场景

创建长方体，长度、宽度和高度依次为 4300mm、3900mm 和 2900mm。右击鼠标，选择【转换为】/【转换为可编辑多边形】命令，按主键盘数字键【5】，单击选中长方体对象，右击鼠标，选择"翻转法线"命令，设置"背面消隐"选项。得到室内单面空间，如图 8-17 所示。

在编辑多边形中，按主键盘数字键【2】，切换到边的方式，选中"忽略背面"选项，通过边"连接"和面"挤出"的方式，生成窗口。导入窗户模型，如图 8-18 所示。

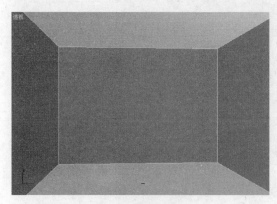

图 8-17　室内空间

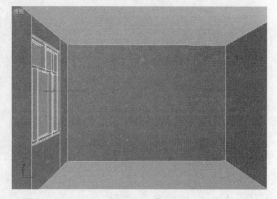

图 8-18　窗口

2．添加灯光

在命令面板的"创建"选项中，单击██按钮，在标准灯光列表中，单击"目标平行光"按钮，在前视图中单击并拖动，创建目标平行光。用于模拟阳光入射效果，如图 8-19 所示。

选择目标平行光，选中"启用阴影"选项，类型为"阴影贴图"，在阴影贴图参数中，选中"双面阴影"，如图 8-20 所示。在平行光参数选项中，设置光束和区域的大小以及形状为"矩形"。在前视图中，区域的大小需要超过窗口的高度，如图 8-21 所示。

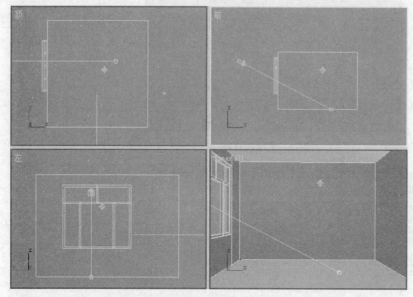

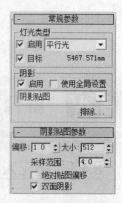

图 8-19　添加平行光　　　　　　　　　　　　　　　图 8-20　阴影设置

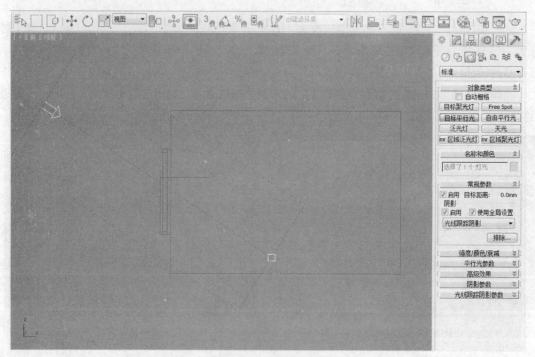

图 8-21　调节平行光

室内添加泛光灯作为辅助光源，渲染测试，如图 8-22 所示。

图 8-22 阳光入射效果

8.4.2 透明材质灯光

1. 创建场景

在场景中创建基本模型，如图 8-23 所示。

2. 赋材质

选择茶壶模型，给其赋白色陶瓷茶壶材质。选择垂直的长方体，给其赋透明玻璃材质。参数如图 8-24 所示。

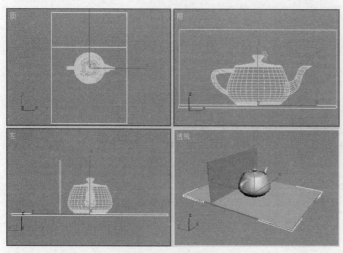

图 8-23 创建模型

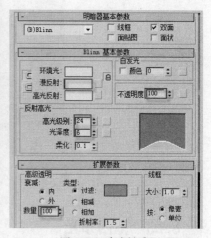

图 8-24 玻璃材质

3. 添加灯光

在命令面板的"创建"选项中，单击⚫按钮，切换到灯光类别，单击"目标聚光灯"，在视图中单击并拖动，添加灯光，选中"启用"阴影，类型为"光线跟踪阴影"，如图 8-25 所示。

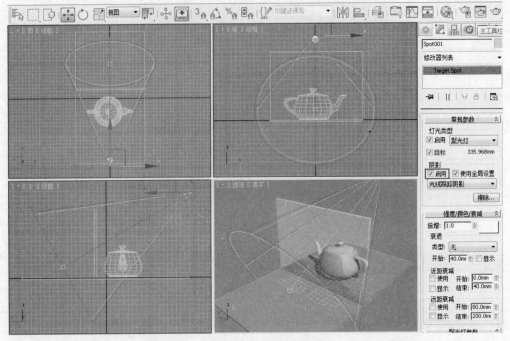

图 8-25　设置参数

添加泛光灯作为辅助光源，设置倍增强度为 0.4。按【Shift】+【Q】组合键渲染出图，如图 8-26 所示。

图 8-26　渲染结果

8.4.3　室内布光

通过室内布光的练习，掌握常见室内效果的布光技巧，如图 8-27 所示。

1．场景分析

室内效果图中，主要光源有四类。顶部筒灯为一类，客厅顶部两个灯为一类，餐厅顶部灯为一类，餐厅顶部和侧面灯带为一类。同一类别的灯在复制时，方式为"实例"。在调节灯光参数时，更改任意一个，所有实例复制的参数统一更改。

该效果图最终通过 VRay 渲染完成，在此仅介绍灯光的布法。

图 8-27　室内效果

2. 基本步骤

按【Ctrl】+【O】组合键，打开 3ds Max 文件。在顶视图中，选择灯头物体，按【Alt】+【Q】组合键，将其孤立显示，在前视图中选择光度学灯光，单击并拖动鼠标，将光度学灯光分布方式设置为"光度学 Web"，添加光域网并设置参数，如图 8-28 所示。参考其他几个单视图，将灯移动到合适的位置。

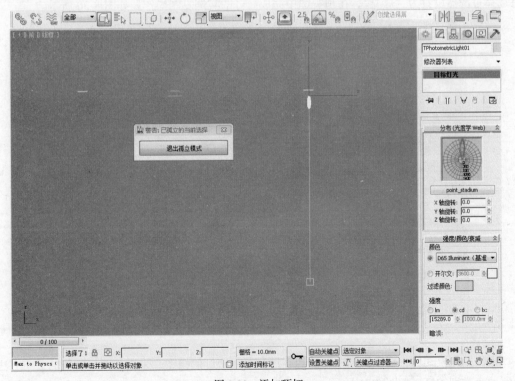

图 8-28　添加顶灯

按【Ctrl】+【A】组合键，选择物体，在"选择集"文本框中输入"顶部筒灯"4 个字，如图 8-29 所示。

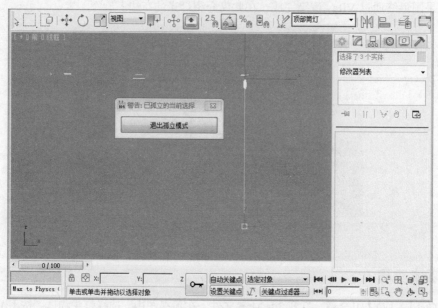

图 8-29　创建选择集

按【Alt】+【Q】组合键，退出孤立模式，在前视图或左视图中，查看目标灯的位置。确定不再需要调节时，通过选择集列表选择刚刚创建的"顶部筒灯"，再次按【Alt】+【Q】组合键。将选择过滤器设置为"灯光"，在顶视图中完成筒灯的实例复制操作，如图 8-30 所示。

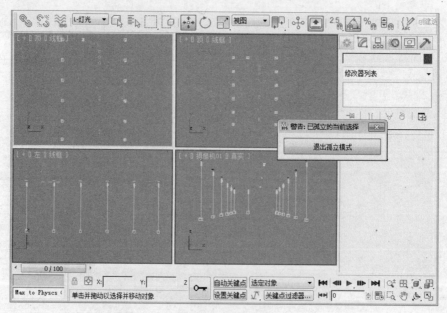

图 8-30　完成筒灯

退出孤立模式后，在顶视图中，选择客厅和餐厅中灯的模型，采用与筒灯类似的分布方法，布置两个类别的灯，如图 8-31 所示。

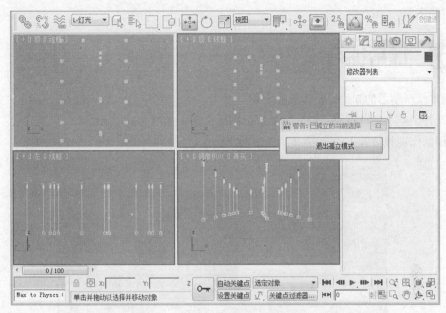

图 8-31 布完灯光

主要灯光布置完成后，需要进行渲染测试。设置渲染参数后，执行【Shift】+【Q】组合键，进行渲染测试，如图 8-32 所示。

通过观察渲染结果，发现场景中餐厅位置灯光合适。客厅茶几位置光线欠缺。顶部光线太暗。两侧的走廊光线太暗。因此，场景中需要添加辅助光源。

在"灯光"面板中选择泛光灯，在顶视图中单击置入，通过其他 3 个单视图调节其位置。设置参数，倍增值小于 1，辅助灯不需要设置阴影，辅助灯可以设置多个，得到最后结果，如图 8-33 所示。

图 8-32 渲染测试

图 8-33 白模布灯

8.5 本章小结

本章对灯光的使用和布置方法进行了说明，在实际项目中做布光时，还需要多参考一下日常生活中灯光的特点。这种以现实生活为参考，又高于现实生活的灯光布置方法，还需要广大读者去练习和掌握。

8.6　课后练习

利用本章所学习的知识，制作布光实例。

【涉及知识点】三点布光原则，异型灯带制作方法，如图 8-34 所示。

【实例制作视频位置】光盘/第 8 章/布光实例.mp4。

图 8-34　布光实例

在使用 3ds Max 软件制作方案时，无论是制作静态效果图图像还是影视后期动画，场景中的内容都需要通过摄影机的镜头来体现。因为摄影机不仅可以更改观察的视点，更能体现空间的广阔。另外，3ds Max 的摄影机还可以非常真实地模拟出景深和运动模糊的效果。

本章要点
➢ 摄影机添加
➢ 摄影机应用技巧

9.1 摄影机简介

在 3ds Max 软件中，摄影机分为目标摄影机和自由摄影机。两者的区别类似于目标聚光灯和自由聚光灯的关系，只是物体的控制点个数不同。目标摄影机通常用于进行静止场景的制作，自由摄影机通常可以跟随路径，方便进行动画制作。

9.1.1 摄影机添加

在命令面板的"创建"选项中，单击██按钮，单击"目标"按钮，在顶视图中单击鼠标并拖动，创建目标摄影机对象，如图 9-1 所示。

按【W】键，切换到"选择并移动"操作，在前视图或左视图中，调节摄影机和摄影机目标的位置，在任意图中，按【C】键，切换到摄影机视图，如图 9-2 所示。

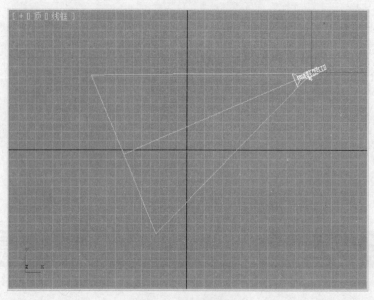

图 9-1　添加摄影机

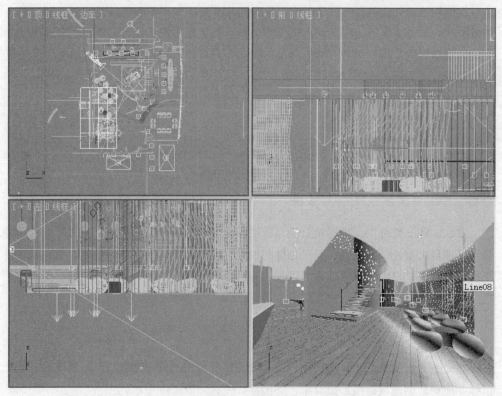

图 9-2　摄影机视图

9.1.2　参数说明

场景中添加摄影机后，可以通过参数进行调节，如图 9-3 所示。

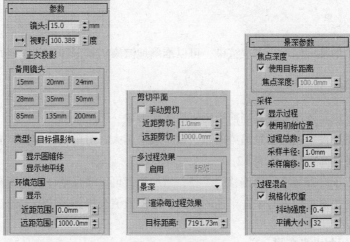

图 9-3　摄影机参数

1. 基本参数

镜头：用于设置当前摄影机的焦距范围。通常为 50mm 左右，数值越大，摄影机的广角越小，生成的摄影机视图内容越少。反之，数值越小，摄影机的广角越大。

视野：用于设置当前摄影机的视野角度，通常与镜头焦距结合使用。

正交投影：选中该选项后，摄影机会以正面投影的角度面对物体进行拍摄。

备用镜头：摄影机系统提供了 9 种常用镜头方便快速选择。需要该焦距时，只需要单击该数值即可。

类型：可以从下拉列表中更改当前摄影机的类型。提供目标摄影机和自由摄影机两种类型切换。

显示圆锥体：选中该选项后，即使取消了摄影机的选定，在场景中也能够显示摄影机视野的锥形区域。

显示地平线：选中该参数后，在摄影机视图显示一条黑色的线来表示地平线，只在摄影机视图中显示。在制作室外场景中可以借助地平线定位摄影机的观察角度。

2. 环境范围

显示：如果场景中添加了大气环境，那么选中该参数后，可以在视图中用线框来显示最近的距离和最远的距离。

近距范围：用于控制大气环境的起始位置。

远距范围：用于控制大气环境的终止位置，大气环境将在起始和终止位置之间产生作用。

3. 剪切平面

手动剪切：选中该参数后，在摄影机图标上会显示出红色的剪切平面。通过调节近距剪切和远距剪切，控制摄影机视图的观察范围，可以透过一些遮挡的物体看到场景内部的情况。

近距剪切：用于设置摄影机剪切平面的起始位置。

远距剪切：用于设置摄影机剪切平面的结束位置。

4. 多过程效果

用于对场景中的某一帧进行多次渲染，可以准确地渲染出景深和运动模糊的效果。

5. 景深参数

景深参数展卷栏主要用于设置当前摄影机的景深参数。

过程总数：用于设置当前场景渲染的总次数。数值越大，渲染次数越多，渲染时间越长，最后得到的图像质量越高，默认值为 12。

采样半径：用于设置每个过程偏移的半径，增加数值可以增强整体的模糊效果。

采样偏移：用于设置模糊与采样半径的距离，增加数值会得到规律的模糊效果。

9.1.3 视图控制工具

当场景中添加摄影机后，在任意视图中，按【C】键，即可将当前视图转换为摄影机视图，此时位于界面右下角的视图控制区工具会转换为摄影机视图控制工具，如图 9-4 所示。

图 9-4 视图控制工具

推拉摄影机：沿着摄影机的主轴移动摄影机图标，使摄影机移向或远离它所指的方向。对于目标摄影机，如果摄影机图标超过目标点的位置，那么摄影机将翻转 180°。

透视：透视工具是视野和推拉工具的结合，它可以在推拉摄影机的同时改变摄影机的透视效果，使透视张角发生变化。

旋转摄影机：用于调节摄影机绕着它的视线旋转。

所有视图最佳显示：单击该按钮后，所有的视图将最佳显示。

视野：用于拉近或推远摄影机视图，摄影机的位置不发生改变。

平移：用于平移摄影机和摄影机目标的位置。

环游：摄影机的目标点位置保持不变，使摄影机围绕着目标点进行旋转。

最大/还原按钮：单击该按钮，当前视图可以在最大显示和还原之间切换。

9.1.4 摄影机安全框

在调整摄影机视图时，可以打开安全框作为调整摄影机视角的参考。开启安全框的方法是在"视图"标签上单击鼠标右键，选择"显示安全框"或者使用【Shift】+【F】组合键。打开安全框选项后，在摄影机视图中会增加 3 个不同颜色显示的边框，如图 9-5 所示。

黄色边框：黄色边框以内为摄影机可以进行渲染的范围，而黄色边框的大小主要取决于设置的渲染尺寸。

蓝色边框：蓝色边框以内是电视显示的安全范围，将场景放置到蓝色的安全区域中，就可以避免渲染的图像或视频输入到电视后被裁切掉。

橙色边框：橙色边框以内是字幕安全范围，一般情况下，字幕应该尽量放置到橙色边框以内。

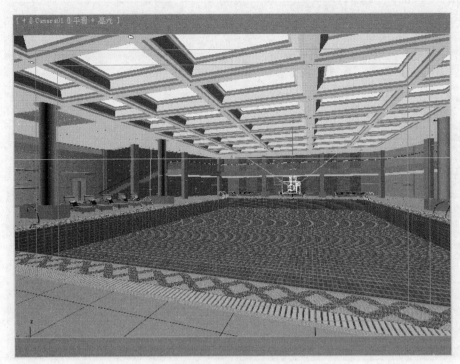

图 9-5　摄影机安全框

9.2　摄影机应用技巧

在了解了摄影机的基本参数和用法之后，通过对下面的摄影机应用技巧的学习，可以掌握摄影机的使用技巧。

9.2.1　景深

3ds Max 的摄影机不但可以进行静止场景的渲染，还可以模拟出景深的摄影效果。当镜头的焦距调整在聚焦点上时，只有唯一的点会在焦点上形成清晰影像，而其他部分会呈现出模糊的影像，在焦点前后出现的清晰区域就是景深，如图 9-6 所示。实现景深效果的基本步骤如下。

1. 创建场景

在场景中创建多个球体对象，并调节其位置关系，如图 9-7 所示。

图 9-6　景深效果

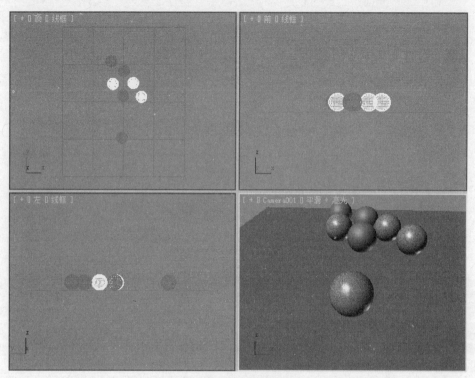

图 9-7　创建物体

2．添加目标摄影机

在命令面板的"摄影机"选项中，单击"目标"按钮，在顶视图中单击并拖动鼠标创建摄影机，调节摄影机的目标和角度，激活透视图，按【C】键，切换为摄影机视图，按【Shift】+【Q】组合键进行渲染，如图 9-8 所示。场景中的全部对象都是清晰的。

3．设置景深

选择摄影机，在参数中选择"多过程效果"中的"启用"复选框，设置景深参数，如图 9-9 所示。

图 9-8　渲染场景

图 9-9　景深参数

设置参数后，按【Shift】+【Q】组合键进行渲染测试，如果觉得景深效果不够明显，可以设置"采样半径"的数值。

> 在制作景深效果时，摄影机的目标点需要指定到具体的物体上。实现景深的物体和背景需要保留一定的空间距离。

9.2.2　室内摄影机

在室内效果图添加摄影机时，通常可以采用摄影机在场景内部或摄影机在场景外部的两种放置方法。当摄影机在场景外部时，需要开启"手动剪切"参数，根据实际情况设置近距剪切和远距剪切。当摄影机在场景内部时，需要设置相机校正，才可以将当前场景的效果保持更好的透视角度。

1. 摄影机在场景内部

在命令面板中选择目标摄影机，在顶视图中单击并拖动，完成摄影机添加，通过其他视图调节角度和位置，如图 9-10 所示。

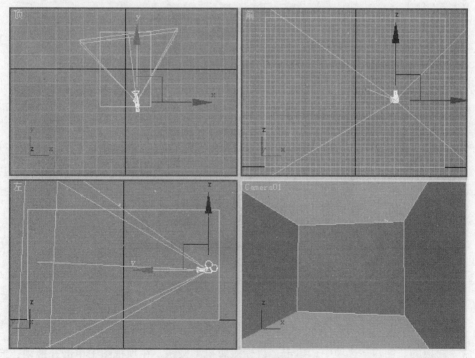

图 9-10　摄影机在场景内部

选择摄影机，激活透视图，按【C】键，将当前视图切换为摄影机视图，单击鼠标右键，在弹出的屏幕菜单中选择"应用摄影机校正修改器"命令，如图 9-11 所示。

应用摄像机校正修改器后，可以方便地实现两点透视，以前倾斜的墙角等线条自动修正，得到最后的效果，如图 9-12 所示。

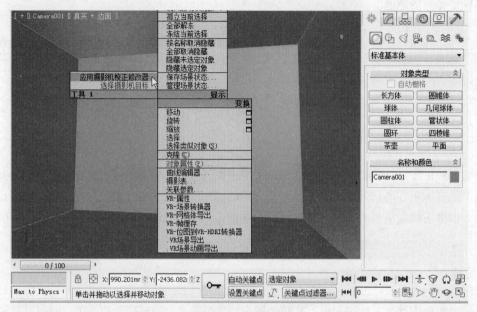

图 9-11　应用校正

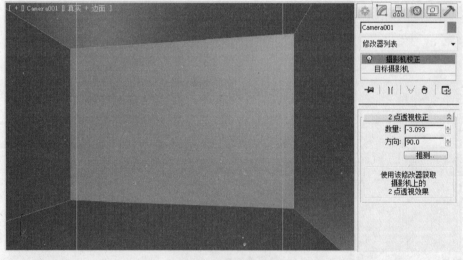

图 9-12　摄影机校正结果

2. 摄影机在场景外部

在命令面板的"创建"选项中，单击"目标摄影机"按钮，在顶视图中单击并拖动，通过其他视图调节位置和角度，如图 9-13 所示。

选择摄影机对象，在命令面板的"修改"选项中，设置手动剪切的参数，如图 9-14 所示。

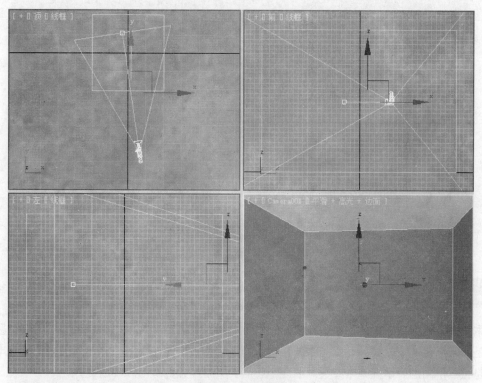

图 9-13　创建场景

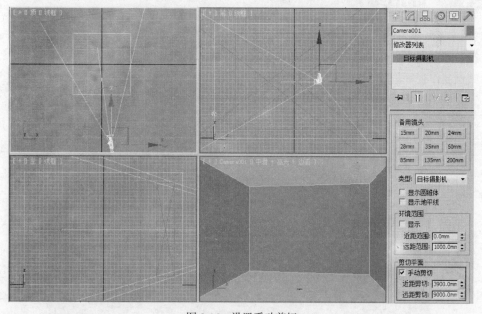

图 9-14　设置手动剪切

　　通过界面右下角的摄影机视图工具，对当前摄影机视图进行微调，得到满意的摄影机视图。
按【Shift】+【C】组合键隐藏摄影机对象，如图 9-15 所示。

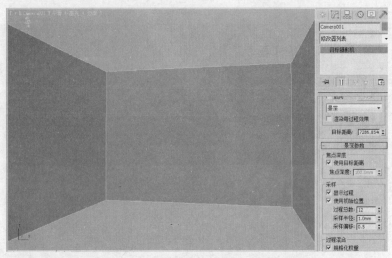

图 9-15　摄影机视图

9.3　本章小结

　　本章中介绍了摄影机的用法，在实际制作效果图时，合理美观的摄影机视图对于整个场景而言，是非常重要的。就如同现实当中的相机，同一个相机，同一个场景，不同摄影师所拍出来的效果是截然不同的。掌握基本参数调节后，还需要平时经常的练习和不断提升。

9.4　课后练习

　　利用本章所学习的知识，制作"摄影机"。

　　【涉及知识点】目标摄影机，近距剪切，远距剪切，如图 9-16 所示。

　　【案例制作视频位置】光盘/第 9 章/摄影机.mp4。

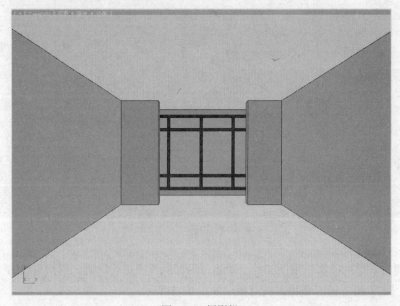

图 9-16　摄影机

第10章

综合案例——简欧客厅

本章通过制作简洁的欧式风格客厅，为读者讲解流行的设计趋向。读者将从这里学习到如何表现室内家具质感，如何制作柔软的透明纱，如何模拟真实的阳光效果及利用后期软件进行基本调色等。

本章要点

➢ 场景制作

➢ 材质表现

➢ 灯光布局

➢ 渲染输出

10.1 场景制作

场景描述的是一个午后的阳光客厅，效果图的风格属于简洁的欧式风格，因此，从场景造型、色彩搭配、灯光表现等，都需要体现简洁的欧式特点，如图 10-1 所示。

图 10-1 简欧客厅

10.1.1　空间制作

1.　设置单位

启动 3ds Max 软件，执行【自定义】/【单位设置】命令，在弹出的界面中进行单位设置，如图 10-2 所示。

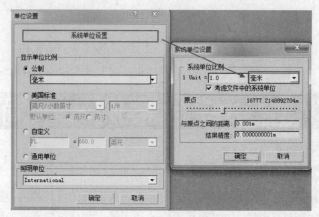

图 10-2　单位设置

2.　导入 CAD 平面图

原图所在位置：光盘/10-3.dwg。

执行【文件】/【导入】命令，文件格式选择"AutoCAD 图形"，选择 CAD 平面图，单击"打开"按钮，默认导入到顶视图中，如图 10-3 所示。

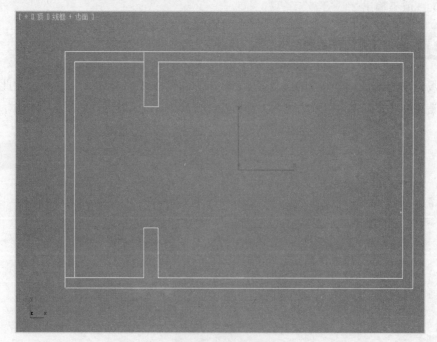

图 10-3　导入平面图

3．设置对象捕捉

按【S】键，开启对象捕捉，鼠标置于主工具栏中的 ³⑥ 按钮上，右击鼠标，在弹出的界面中设置捕捉内容，如图 10-4 所示。

4．生成墙体

在命令面板的"创建"选项中，单击"线"工具，在顶视图中依次单击，生成空间的墙体边线，添加"挤出"命令生成墙体，转换到"可编辑多边形"命令中，生成空间阳台效果，如图 10-5 所示。

图 10-4　捕捉设置

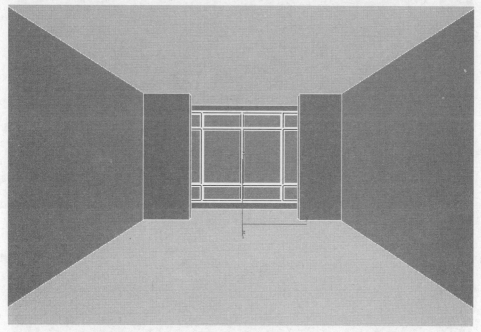

图 10-5　空间

5．制作右侧墙体

在前视图中创建长方体对象，设置分段数，转换到"可编辑多边形"命令中，在"边"的方式下，进行"挤出"操作，如图 10-6 所示。

按照类似的方式，制作另外一半墙体，如图 10-7 所示。

6．添加摄影机

在命令面板的"创建"选项中，单击摄影机组中"目标"按钮，在顶视图中单击并拖动，设置参数和手动剪切，如图 10-8 所示。

激活透视图，按【C】键，切换为摄影机视图的显示效果，通过界面右下角的摄影机视图工具进行局部微调。

图 10-6　右侧墙

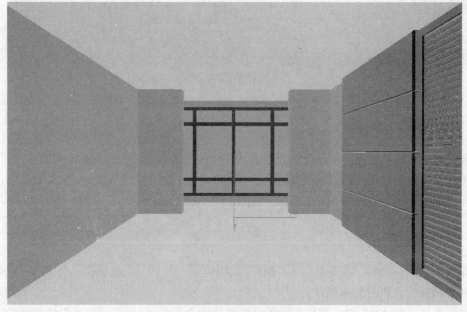

图 10-7　右侧另一半墙

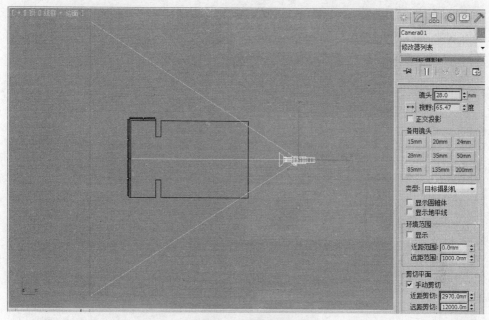

图 10-8　添加摄影机

10.1.2　导入模型

在进行效果图制作时，通常需要导入模型来完成效果图空间的布局。导入模型的外观和风格，也会给客户的选择提供参考依据。

1．导入沙发模型

执行【文件】/【合并】命令，在弹出的界面中，选择"沙发"模型，如图 10-9 所示。在弹出的界面中选择要导入的模型对象，单击"打开"按钮即可。

在单视图中，调节沙发的位置和尺寸大小，如图 10-10 所示。

2．导入其他模型

按照同样的操作方法和步骤，依次导入其

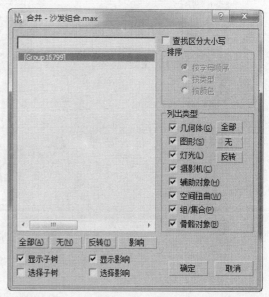

图 10-9　合并

他家具模型，包括吊灯、茶几、电视柜、电视机、台灯等模型，如图 10-11 所示。

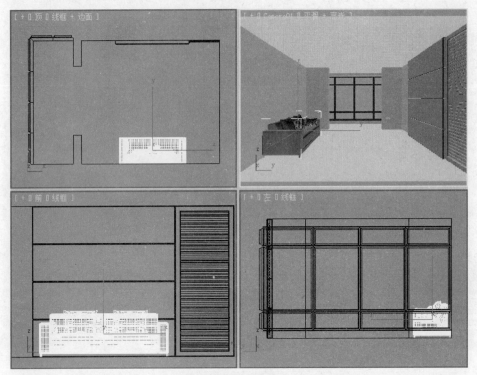

图 10-10　沙发

图 10-11　合并场景结果

10.2　材质表现

场景空间创建完成后，需要添加材质才能达到进一步的渲染输出。在进行材质编辑时，材质相同的物体可以进行群组，方便再次进行材质调节。本实例中的材质表现主要以"VR 材质"为基础进行介绍。

10.2.1　房间材质

简欧客厅的空间材质主要包括地面、墙壁、屋顶、窗户等。

1. 房间材质

选择通过"挤出"命令生成的墙体对象，按【M】键，在弹出的材质编辑器界面中，单击"Standard"按钮，将当前材质更改为"多维/子对象"材质，如图 10-12 所示。

2. 墙壁材质

单击 ID 编号为 1 的子材质，在弹出的界面中设置参数，如图 10-13 所示。

3. 窗户材质

在"多维/子材质"界面中，单击"窗户"材质对应的子材质按钮，在弹出的界面中设置参数，如图 10-14 所示。

图 10-12　房间

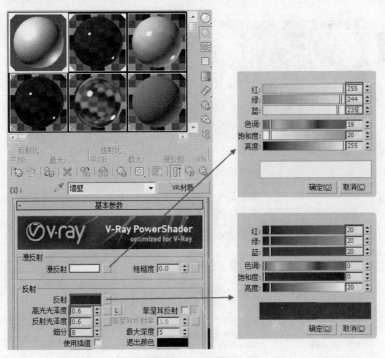

图 10-13　墙壁材质

4. 地面材质

在"多维/子材质"界面中，单击"地面"材质对应的子材质按钮，在弹出的界面中设置参数，如图 10-15 所示。

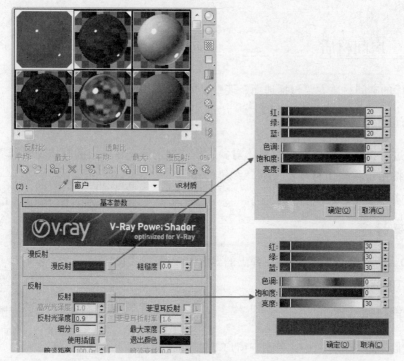

图 10-14　窗户材质

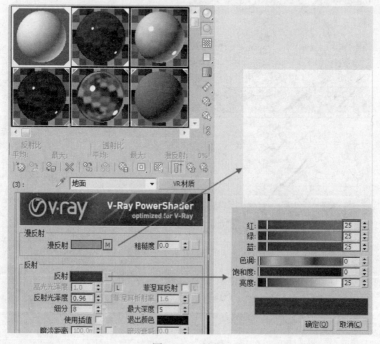

图 10-15　地面

　　最后，在"多维/子材质"界面中，单击"天花板"材质对应的子材质按钮，在弹出的界面中设置参数，如图 10-16 所示。

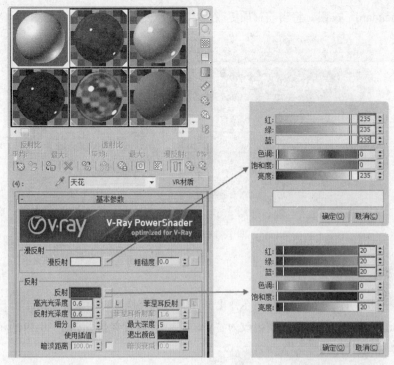

图 10-16　天花板

10.2.2　家具材质

在简欧客厅场景中，主要包括沙发、抱枕、茶几、台灯桌等物体的材质。

1．沙发材质

沙发包括两部分材质，分别为沙发材质和沙发腿材质。

（1）沙发材质

选择场景中的沙发物体，按【M】键，在弹出的界面中选择样本球对象，单击工具行中的 按钮，单击"Standard"按钮，将当前材质更改为"VR 材质"，设置参数，如图 10-17 所示。

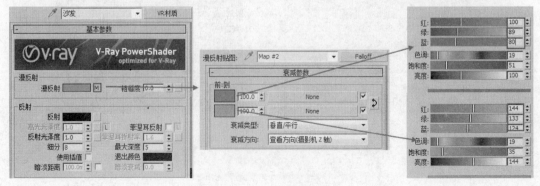

图 10-17　沙发材质

（2）沙发腿材质

选择沙发底部的物体，按【M】键，在弹出的界面中选择样本球对象，单击工具行中的 按钮，单击"Standard"按钮，将当前材质更改为"VR 材质"，设置参数，如图 10-18 所示。

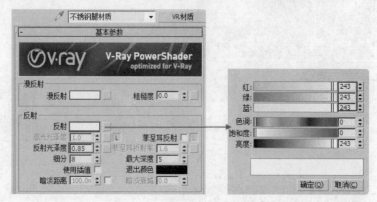

图 10-18　沙发腿材质

2. 抱枕材质

选择沙发抱枕物体，按【M】键，在弹出的界面中选择样本球对象，单击工具行中的 按钮，单击"Standard"按钮，将当前材质更改为"VR 材质"，设置参数，如图 10-19 所示。

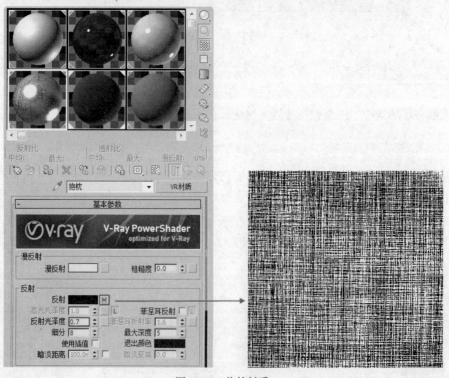

图 10-19　抱枕材质

3. 茶几材质

选择场景中的茶几物体，按【M】键，在弹出的界面中选择样本球对象，单击工具行中的 按钮，单击"Standard"按钮，将当前材质更改为"VR 材质"，设置参数，如图 10-20 所示。

左侧的台灯桌的材质与茶几材质相同，桌腿材质与沙发的不锈钢材腿材质相同，在此不再赘述。

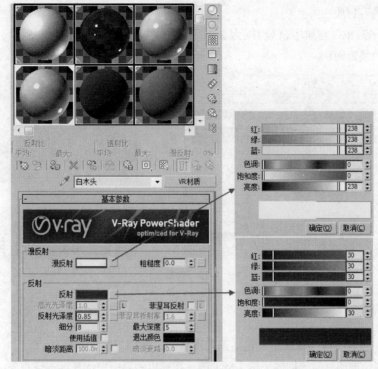

图 10-20 茶几材质

10.2.3 装饰物品材质

在本场景中，装饰物品包括装饰画、茶几玻璃瓶、酒杯、装饰花瓶、窗帘和电视柜摆件等模型。

1. 装饰画材质

装饰画材质包括画框和画面内容两部分。

选择装饰画物体，按【M】键，在弹出的界面中选择样本球对象，单击工具行中的 按钮，单击"Standard"按钮，将当前材质更换为"多维/子对象"材质，分别为画框和画面内容赋材质。

（1）画框材质

在"多维/子对象"材质中，对 ID 为 1 的子材质进行设置，如图 10-21 所示。

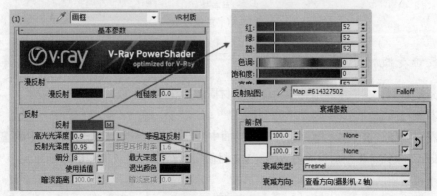

图 10-21 画框材质

（2）画面内容材质

在"多维/子对象"材质中，对 ID 为 2 的子材质进行设置，如图 10-22 所示。使用同样的方法，制作另外的装饰画面。

图 10-22　画面内容

2. 透明玻璃材质

在本场景中，透明玻璃材质主要包括茶几玻璃杯、电视柜摆件等材质。

选择需要制作玻璃材质的物体，按【M】键，在弹出的界面中选择样本球对象，单击工具行中的 按钮，单击"Standard"按钮，将当前材质更改为"VR 材质"，设置参数，如图 10-23 所示。

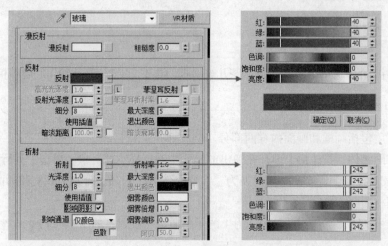

图 10-23　玻璃材质

3. 装饰花瓶材质

在场景的右侧，有一个装饰花瓶物体，其材质包括花瓶和干枝两部分。

（1）花瓶材质

选择花瓶物体，按【M】键，在弹出的界面中选择样本球对象，单击工具行中的 按钮，单击"Standard"按钮，将当前材质更改为"VR 材质"，设置参数，如图 10-24 所示。

（2）干枝材质

选择干枝物体，按【M】键，在弹出的界面中选择样本球对象，单击工具行中的 按钮，单击"Standard"按钮，将当前材质更改为"VR 材质"，设置参数，如图 10-25 所示。

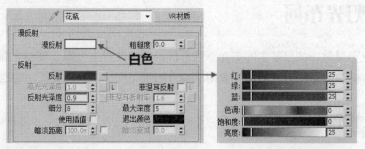

图 10-24　花瓶

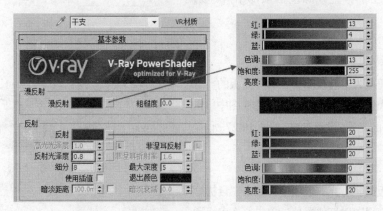

图 10-25　干枝

4. 窗帘材质

选择场景中的窗帘物体，按【M】键，在弹出的界面中选择样本球对象，单击工具行中的 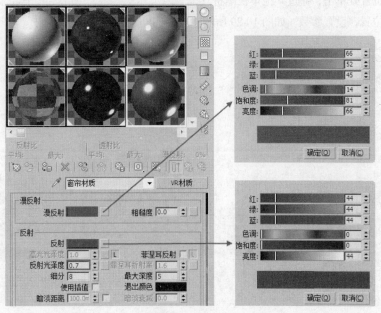 按钮，单击"Standard"按钮，将当前材质更改为"VR 材质"，设置参数，如图 10-26 所示。

图 10-26　窗帘材质

10.3 灯光布局

在进行灯光布局时，按照基本的布光原则进行，依次设置主光源、辅助光源。其中主光源用于确定光源的方向和阴影位置，辅助光源用于提升场景亮度，达到温馨简洁的欧式风格。

10.3.1 主光源

在简欧客厅中，主光源包括顶部吊灯、射灯、台灯等。

1. 吊灯

将顶视图切换为当前视图，在命令面板的"灯光"选项中，单击"VR灯光"按钮，在视图中单击并拖曳，创建平面光源，设置参数，如图10-27所示。

2. 射灯

在命令面板的"灯光"选项中，单击"目标灯光"按钮，在前视图射灯位置处，单击并拖曳，通过其他视图调节位置，设置参数，如图10-28所示。

3. 台灯

选择命令面板的"灯光"选项中的"自由灯光"按钮，在台灯位置处单击，通过其他单视图将其调节到台灯内部位置，设置参数，如图10-29所示。

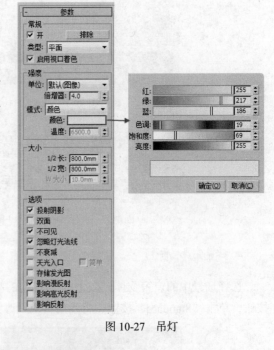

图 10-27 吊灯

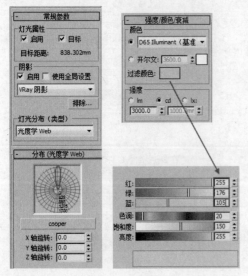

图 10-28 射灯

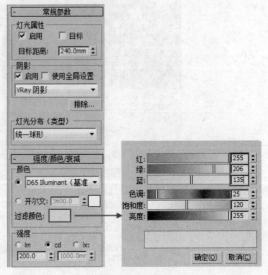

图 10-29 台灯

10.3.2 辅助光源

本场景中的辅助光源为窗口的灯光，需要体现窗外光线穿过透明纱窗的效果。电视柜摆件辅助灯光需要达到照亮摆件物品的亮度。

1. 窗外光源

将左视图切换为当前视图,在命令面板的"灯光"选项中单击"VR 灯光"按钮,在视图中单击并拖曳,通过顶视图调节位置,设置参数,如图 10-30 所示。

2. 摆件光源

将顶视图切换为当前视图,在命令面板的"灯光"选项中单击"VR 灯光"按钮,在场景中单击并拖曳,调节位置,设置参数,如图 10-31 所示。

同样的方法,依次创建其他几个辅助光源。

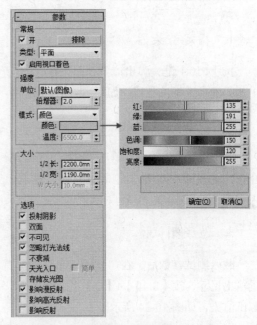

图 10-30　窗外光源

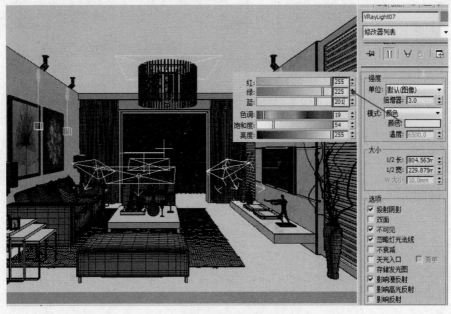

图 10-31　摆件灯光

10.4　渲染输出

将场景中的材质和灯光调节完成后,接下来的工作就是进行渲染输出。渲染输出的过程包括测试阶段和正式阶段两部分。测试阶段完成后，可以进行场景的正式渲染输出。

10.4.1　测试阶段

1. 指定渲染器

按【F10】键，弹出渲染界面，在"公用"选项中，单击"指定渲染器"后面的按钮，在弹出的界面中选择渲染器，如图 10-32 所示。

2. 载入测试参数

在"设置"选项中，单击"预置"按钮，在弹出的界面中双击"测试参数"，快速载入参数，如图 10-33 所示。

3. 渲染测试

载入测试参数后，在"公用"选项中设置输出尺寸，按【Shift】+【Q】组合键进行测试渲染，如图 10-34 所示。

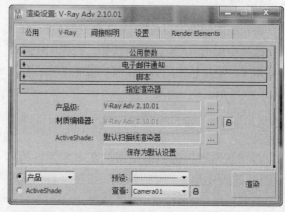

图 10-32　指定渲染器

图 10-33　测试参数

图 10-34　测试效果

10.4.2　正式阶段

1. 输出尺寸

执行【渲染】/【打印大小向导】命令，根据输出的尺寸和分辨率，换算出对应的像素尺寸，如图 10-35 所示。

2. 光子出图

根据实际输出的尺寸 3500 像素×2480 像素，按实际输出的 1/4 尺寸进行光子出图，即光子渲染 800 像素×600 像素尺寸。

（1）载入正式参数

在"设置"选项中单击"预置"按钮，在弹出的界面中双击"正式参数"，如图 10-36 所示。

图 10-35　打印大小

图 10-36　正式参数

（2）设置输出尺寸

在"公用"选项中输入光子图尺寸信息，如图 10-37 所示。

3．加载光子信息

正式参数渲染完成后，在"间接照明"选项中分别对"发光贴图"和"灯光缓存"进行设置。

（1）发光贴图

单击"模式"选项中的"保存"按钮，将当前信息存储为"*.vrmap"文件，再从"模式"下拉列表中选择"从文件"，单击"浏览"按钮，从中选择存储过的"*.vrmap"文件，如图 10-38 所示。

图 10-37　公用参数

图 10-38　发光贴图

（2）灯光缓存

采用同样的方法，对"灯光缓存"选项进行输出设置，如图 10-39 所示。

4. 正式输出尺寸

在渲染设置界面中，返回到"公用"选项中，设置输出的尺寸，按【Shift】+【Q】组合键，等待渲染完成，如图 10-40 所示。

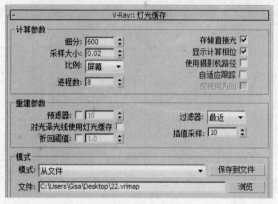

图 10-39　灯光缓存

图 10-40　渲染结果

10.5　本章小结

本章通过简洁的欧式客厅效果图制作，将综合实例中用到的建模、材质、灯光、渲染等环节紧密结合起来，因为只有每个环节有机结合，才能制作出一幅好的效果图。本效果图中所使用的参数只是一个参考的数值，在以后的制作中还需要读者进一步练习，才能做到游刃有余。